环境监测技术与环境管理研究

谢　娟　肖颂娜◎著

吉林科学技术出版社

图书在版编目（CIP）数据

环境监测技术与环境管理研究 / 谢娟，肖颂娜著
. -- 长春 : 吉林科学技术出版社，2023.6
ISBN 978-7-5744-0638-4

Ⅰ. ①环… Ⅱ. ①谢… ②肖… Ⅲ. ①环境监测－研究②环境管理－研究 Ⅳ. ①X8②X32

中国国家版本馆 CIP 数据核字(2023)第 136515 号

环境监测技术与环境管理研究

著 谢 娟 肖颂娜
出版人 宛 霞
责任编辑 赵海娇
封面设计 金熙腾达
制 版 金熙腾达
幅面尺寸 185mm×260mm
开 本 16
字 数 278千字
印 张 12.25
印 数 1-1500册
版 次 2023年6月第1版
印 次 2024年2月第1次印刷

出 版 吉林科学技术出版社
发 行 吉林科学技术出版社
地 址 长春市福祉大路5788号
邮 编 130118
发行部电话/传真 0431-81629529 81629530 81629531
81629532 81629533 81629534
储运部电话 0431-86059116
编辑部电话 0431-81629518
印 刷 三河市嵩川印刷有限公司

书 号 ISBN 978-7-5744-0638-4
定 价 75.00元

前　言

随着社会经济的不断发展，人们对生活的要求越来越高，同时也在对其居住环境提出更高的标准。现阶段社会发展过程中，建立环境友好型社会是大势所趋，其核心是“遵循自然规律”。而环境治理更是与居民生活密不可分，并且受到社会各界的大量关注。因此，环境工程中的环境监测的重要性日益凸显，成为分析环境问题中的重要方式。经济在快速发展的同时，也造成了一定的环境破坏。尽管近年来国家对环境保护越来越重视，也采取了很多的环境保护措施，但整体环境仍存在一定的问题。环境保护也成为人们较为关注的问题，科学有效的环境监测可以及早发现环境问题，并采取相应的防治手段，更好地保护环境，改善我国的环境状况。

本书以环境监测技术与环境管理为研究对象。全书首先对环境管理与环境监测的基础理论进行简要概述，介绍了环境管理的基本概念、环境管理思想和方法的发展、环境监测的意义、分类、程序及环境标准等；然后对环境及环境污染监测的相关问题进行梳理和分析，包括水、土壤、大气、噪声、放射与辐射、环境振动等多个方面；之后在环境管理实践方面进行探讨，内容涵盖了自然资源环境管理、区域环境管理等方面。本书论述严谨、结构合理、条理清晰，其不仅能为环境管理学提供一定的理论知识，同时能为当前环境监测相关理论的深入研究提供借鉴。

在本书的写作过程中，笔者虽然努力做到精雕细琢、精益求精，但是由于知识和经验的局限，书中不足之处在所难免，恳请读者批评、指正，以使我们的学术水平不断提高。本书参考借鉴了很多专家、学者的书籍，并借鉴了他们的一些观点，在此，对这些学术界前辈深表感谢！

作者

2023 年5月

目　录

第一章　环境监测与环境管理

第一节　环境监测的意义、分类及程序

一、环境监测技术的作用与意义

（一）环境监测概述

环境监测是利用生物、化学、物理、医学、遥测、遥感、计算机等现代科技手段，同时将环境视为主要对象，对自然环境中存在的问题以及影响因素进行分析与研究的一项综合性学科。在环境监测工作的开展过程中，通过对环境监测技术的应用，可以将环境中存在的问题及时发现并解决，将环境污染问题控制在合理范围内，实现环境保护与经济发展的双赢。

（二）环境监测技术的种类

1. 生物技术

生物技术是环境监测技术中的重要组成部分，生物技术包括细胞生物学以及微生物学等学科技术。生物技术在实际应用中，无法体现自身的独立存在，而是需要与其他技术进行有机结合。比如，在实际应用中，将生物技术与物理学内容以及计算机信息技术进行有机结合。目前广泛使用的生物技术主要包含两种，分别是聚合酶链反应检测方式以及利用大分子标记物展开的检测技术。利用大分子标记物展开的检测技术，需要与生态工程技术进行有机结合，从而明确生态环境中的相关数据信息。该项技术具备较强的预警性优势。不同技术有着不同优势，具体技术的应用要结合实际情况，这样技术优势才能被充分发挥。

2. 信息技术

在环境监测技术中，信息技术也是其中的重要技术之一。信息技术得到广泛应用的原因，有以下两点：

①无线传感技术。无线传感技术的应用可以为环境监测数据信息的传输提供保证，同时对传输的数据信息能够及时进行处理与分析，这使得环境工作质量与工作效率都能得到提升。

②可编程逻辑控制器技术。该项技术一般情况下会被应用在较为恶劣的环境中。比如，在大雨环境中，通过远程控制与分析可以为防洪工作的展开打下良好基础。

（三）环境监测技术在环境保护中的作用

在科学技术不断发展的时代背景下，更多的现代化科技产品被应用在行业发展和生产中，轻工业、重工业等工业生产也越来越多样，随之而来的就是行业的生态处理问题。基于此，我国在环境监测技术方面也开展了大量的研究，积极研发和推广科技化环境监测平台，从而在完善污染数据处理和信息汇总工作质量的基础上，有效结合具体问题落实相应的管控策略，从而提升环境保护工作的综合效果。

1. 空气污染中应用环境监测技术

部分工业化企业在工业生产中会产生较多的污染气体，不仅会对周围的植物、动物产生影响，也会对环境质量造成不可逆的负面作用，其中，二氧化硫气体、氟化物气体等酸性气体作用尤为突出。同时，一些污染气体排放量较大的区域也会存在烟尘和气体囤积的问题。烟尘和气体囤积会造成太阳光辐射量降低，使植物光合作用所需无法得到满足，这会制约区域生态平衡。另外，酸性气体与大气中的水汽凝结聚合产生的酸雨也会对土壤构成威胁。

综上所述，针对空气污染问题应用监测技术迫在眉睫。借助环境监测模式能有效对空气污染程度和污染源进行实时监测和数据分析，对工业区域内的风向参数、风速参数、气压参数、湿度参数等基础信息进行汇总，从而能有效判定区域内环境问题的根源和程度，引导相关部门落实对应的治理方案，以便减少空气污染对环境造成的危害。

2. 水源污染中应用环境监测技术

水源污染也是近几年环境污染问题中较为重要的一项。

一方面，在城市生活中，人们生产生活产生的污水会直接流入地表水，这不仅会造成地表水自我净化能力的下降，也会制约水质的整体水平，甚至会造成城市内河出现污染、发臭等问题，严重影响城市生态环境和人们的居住空间质量。

另一方面，城市周边工厂排放的工业废水一旦流入地下水，就必然会对江河湖泊产生危害，严重威胁生态平衡。基于此，有必要在水源污染约束工作中有效落实环境监测制度，相关部门应能借助水环境监测和废水质量监测等基本模块完成监测工序，并且利用采样分析的方式践行对应的控制标准和模式，获取相关的水文参数和生物指标，这样才能制订有效的监控方案和治理流程，并将其作为水源污染约束工作的基本依据。

3. 环境规划中应用环境监测技术

对于城市发展而言，环境和经济之间有着密切的联系，要想提升城市的发展动力，就要整合城市规划方案，有效建立完整的环境监督模式，这就需要借助环境监测技术，激发人们的环保意识，并且将其作为城市工业发展、农业发展等行业进步的根本依据，从而打造更加贴合环保要求的城市规划模式。基于此，在城市环境规划工作中应落实环境监测技术，引导人们更加直观地了解环境保护的重要性和环境污染的数据，从而建立全民参与的环保管理工作体系，促进城市科学发展，实现经济效益、社会效益和环保效益的共赢。

（四）环境监测技术在环境保护中的意义

为了提升环境保护工作的综合水平，要结合环境保护要求落实对应的环境监测流程，提升具体工作的实际成效，打造更加完整的控制模式。同时，还要从提高环境监测质量管理水平入手，完善资金链的完整性，落实合理的应用体系，并且要完善监督机制和提升人员队伍的综合素质。

1. 优化质量管理

国家以及省级行政监督部门要践行对应的监督管理方案，共同建构合理性的监测质量控制平台，确保能自上而下建立合理的内部管理控制机制，从而在提升监测技术应用水平的同时，也能为环境监测信息的传递和共享提供保障。

①要落实第三方监督机制。主要是对不同地区落实的监测行为予以集中分析和调研取证，从而判定监测行为的真实性，减少虚假信息或者数据对地区环境保护监测工作质量造成的影响。与此同时，要结合第三方数据落实有效的整改方案，减少不良问题产生的影响和制约作用。

②要联合各个部门完善环境监测系统，并且结合反馈信息建立报警系统，从而强化监测人员的预警意识，借助绩效考核的模式创设更加多元化的处理平台，提高监测人员的工作积极性，优化管理效果。

③借助信息化技术联动监测模式的方式优化监测结果，确保相关地区的管理部门能按照标准去工作，完善监督管理方式，从而为环境监测工作的全面展开奠定坚实基础。

④要结合环境保护监测工作的要求组建更加专业且高水平的队伍，提高相关人员的工作认知水平，实现管理效果和监测水平的全面进步。

2. 完善环境监测制度

相关部门要对环境保护中环境监测工作的重要性给予重视，确保能在面对发展要求的同时，调整相应的保护政策。合理落实对应的环境监测技术，不仅能对周围环境的污染程度进行分析，也能制定有效且具有针对性的环境保护控制措施，从而提升整体工作水平。

一方面，要结合环境保护要求制定对应的监测管控机制。这就要求相关部门要落实并且强化监督力度，践行总站式管理方针，利用统一管理的方案和制度约束相应行为，确保监测工作都能得到合理化的指导，从而提升监测工作管理的综合水平，维护管理整体效果。

另一方面，在制度落实的过程中要配备相应的奖惩机制，并且要建立全国范围内的监测网络共同配合相关部门落实相应工作，从而维护环境监测工作的信息稳定性和综合质量。

3. 推动全民环保的开展

环保工作的不断开展，不仅可以减轻环境遭受的破坏，也是人类弥补过失、创造良好生活环境的重要手段，可实现社会和经济的可持续发展。社会各界都要重视环保，参与环境保护。环境监测工作不仅可以增强人们的环保意识，还能更好地保护环境。

4. 提升环境评价的科学性

环境监测是环保工作的重要组成部分。环境监测是环境评价的前提，它能获取监测对象最真实的数据，对监测对象进行评价，提升环境评价的科学性，指导环保工作的有效开展。

二、环境监测的内容与类型

（一）环境监测的内容

环境监测是以人类生存与活动的环境为监测对象的，环境中的各种有害物质对环境造成的污染是环境监测的影响因素。

有害物质的监测，包括对无机污染物的监测、对有机污染物的监测及对噪声、电磁、热等物理能量的监测，都是环境监测的内容。要有针对性地选用不同的监测技术进行环境监测。

环境监测的每个对象中都有许多的监测项目。环境监测工作是一项复杂、长期、繁重的任务，不仅要消耗大量的人力、物力和财力，还要受到监测区域的发展水平、科技水平等的影响，所以区域环境监测不可能对所有污染物和污染源进行监测，要根据实际情况挑选出对解决问题最关键和最迫切的项目来进行监测，并制订科学合理的监测方案。

（二）环境监测的类型

1. 监视性监测

环境监测中的常规或例行监测就是执行纵向监测指令的监测任务，对影响空气环境、水环境和噪声环境质量的因素进行监测，掌握环境污染情况及其变化趋势，对环境污染的控制措施进行评价，判断环境标准的实施情况，从而积累环境监测的各种数据，为行业、区域和产业内的环境保护提供理论依据。

对县级以上的城区的空气污染物要进行空气环境质量监测，定期地积累环境质量数据并形成空气环境质量评价报告；还要对辖区内的水环境进行定期监测，形成水环境质量评价报告；同时还要对各种噪声进行经常性的定期监测。这样就可以为辖区内的空气、水和噪声污染管理提供可靠的数据，也可以为环境治理提供系统的监测资料。

2. 监督性监测

环境管理制度和政策的实施要靠监督性监测来完成，环境监测针对人为活动对环境的影响而展开，是环境监测部门的主要工作和职责。环境监督性监测既要掌握环境污染的源头，对污染源在时空的变化进行定期、定点的常规性监测，也要掌握污染源的种类、浓度及数量，研究其对环境造成的影响，制定环境污染治理措施，为环保提供技术支持。

3. 应急性监测

应急性监测是对突发环境事件进行有目的的监测，除了一般的地面固定监测，还包括：流动性的监测、低空监测及微型遥感监测；为减少突发的环境灾害而进行的环境灾害监测；对各种污染事故进行的现场追踪监测；环境污染中的纠纷仲裁监测。这些应急性监测可以减少灾害造成的损失，摸清污染程度和范围，调解污染事故纠纷，保护人民群众的利益。

4. 科研性监测

科研性监测是监测工作中高层次、高水平的一种研究性监测，要充分考虑区域监测部门的能力和技术力量，进行多项环境开发性监测。要进行环境标准研制监测、污染规律研究监测、背景调查和专题研究监测，统一环境监测的分析方法，监测环境中污染物质的本底含量；还要研究污染源对人类环境的影响，对污染源进行化学分析、物理监测和生物生理监测，运用积累的监测数据和多学科知识进行专题监测。

5. 服务性监测

应按照市场经济发展的需要，为社会各部门提供经营性的环境监测技术服务，以满足生产、科研、环境评价和环境保护等的需要。

三、程序

环境监测的基本程序一般为：受领任务→明确目的→现场调查→方案设计→采集样品→运送保存→分析测试→数据处理→综合评价→监督控制等。具体如下：

（一）受领任务

环境监测的任务主要来自环境保护主管部门的指令，以及单位、组织或个人的委托、申请和监测机构的安排三方面。环境监测是一项政府行为和技术性、执法性活动，所以必须有确切的任务依据。

（二）明确目的

根据任务下达者的要求和需求，确定针对性较强的监测工作具体目的。

（三）现场调查

根据监测目的，进行现场调查研究，主要摸清污染源的性质及排放规律，污染受体的性质及污染源的相对位置以及水文、地理、气象等环境条件和历史情况等。

（四）方案设计

根据现场调查情况和有关技术规范要求，认真做好监测方案设计，并据此进行现场布点作业，做好标识和必要准备工作。

（五）采集样品

按照设计方案和规定的操作程序，实施样品采集，对某些须现场处置的样品，应按规定进行处置包装，并如实记录采样实况和现场实况。

（六）运送保存

按照规范方法要求，将采集的样品和记录及时安全地送往实验室，办好交接手续。

（七）分析测试

按照规定程序和规定的分析方法，对样品进行分析，如实记录检测。

（八）数据处理

对测试数据进行处理和统计检验，整理入库。

（九）综合评价

依据有关规定和标准进行综合分析，并结合现场调查资料对监测结果做出合理解释，写出研究报告，并按规定程序报出。

（十）监督控制

依据主管部门指令或用户需求，对监测对象实施监督控制，保证法规政令落到实处。

从信息技术角度看，环境监测是环境信息的捕获→传递→解析→综合的过程。只有在对监测信息进行解析、综合的基础上，才能全面、客观、准确地揭示监测数据的内涵，对环境质量及其变化做出正确的评价。

第二节　环境标准

标准是经公认的权威机构批准的一项特定标准化工作成果（ISO 定义），它通常以文件的形式规定必须满足的条件或基本单位。环境标准是以防止环境污染，维护生态平衡，保护人群健康为目的，对环境保护工作中需要统一的各项技术规范和技术要求所做的规定，也是有关控制污染、保护环境的各种标准的总称。

环境标准是环境保护法规的重要组成部分，具有法律效力；环境标准是环境保护工作的基本依据，也是判断环境质量优劣的标尺。环境标准在无形中推动环境科学的不断发展。环境标准是一个动态标准，它必须根据所处时期的科学技术水平、社会经济发展状况、环境污染状况等来制定。环境标准通常每隔几年修订一次，新标准一旦颁布，老标准自动作废。

一、我国环境标准体系

我国的环境标准体系由国家环境保护标准、地方环境保护标准和国家环境保护行业标准三部分组成。

（一）国家环境保护标准

国家环境保护标准包括国家环境质量标准、国家污染物排放标准、国家环境监测方法标准、国家环境标准样品标准、国家环境基础标准和国家环保仪器设备标准六大类。

国家环境质量标准是指在一定的时间和空间范围内，为保护人群健康、维护生态平衡、保障社会物质财富，国家在考虑技术、经济条件的基础上，对环境中有害物质或因素的允许含量所做的限制性规定。它是国家环境政策目标的具体体现，是制定污染物排放标准的依据，也是衡量环境质量的标尺。这类标准一般按照环境要素和污染要素划分，如大气质量标准、水质量标准、环境噪声标准以及土壤、生态质量标准等。

国家污染物排放标准是国家为实现环境质量标准目标，结合技术经济条件和环境特点，对排入环境的污染物或有害因素所做的限制性规定。它是实现环境质量标准的重要保证，也是对污染排放进行强制性控制的重要手段。

国家环境监测方法标准是国家为保证环境监测工作质量而对采样、样品处理、分析测试、数据处理等做出的统一规定。此类标准一般包含采样方法标准和分析测定方法标准。

国家环境标准样品标准是国家为保证环境监测数据的准确、可靠而对用来标定分析仪器、验证分析方法、评价分析人员技术和进行量值传递或质量控制的材料或物质所做的统一规定。

国家环境基础标准是指在环境保护工作范围内，对有指导意义的符号、代号、图形、量纲、指南、导则等由国家所做的统一规定。它在环境标准体系中处于指导地位，是制定其他标准的基础。

除上述环境标准外，国家对环境保护工作中其他需要统一的方面也制定了相应的标准，如环保仪器设备标准等。我国的环境基础标准、环境监测方法标准和环境标准样品标准，已基本与国际通用的相关标准接轨。环境质量标准和污染物排放标准受具体国情和环境特点及技术条件的制约，一般不采用国际标准。

（二）地方环境保护标准

我国国土面积大，不同地区的自然条件、环境状况、产业分布和主要污染因子等情况存在较大差异，有时国家环境保护标准很难覆盖和适应全国各地的情况。地方环境保护标准是由省（自治区、直辖市）人民政府根据地方特点或针对国家标准中未做规定的项目制定的环境保护标准，是对国家环境保护标准的有效补充和完善。对国家标准中未做规定的项目，可以制定地方环境质量标准；对国家标准中已做规定的项目，可以制定严于国家标准的相应地方标准。地方环境标准可在本省（自治区、直辖市）所辖地区内执行。地方环境保护标准包括地方环境质量标准和地方污染物排放标准。环境基础标准、环境标准样品标准和环境监测方法标准不制定地方标准。在标准执行时，地方环境保护标准优先于国家环境保护标准。近年来，随着环境保护形势的日趋严峻，一些地方已将总量控制指标纳入地方环境保护标准。

（三）国家环境保护行业标准

由于各类行业的生产情况不同，其产生和排放的污染物的种类、强度和方式各不相同，有些行业之间差异很大。因此，针对不同的行业须制定相应的环境保护标准才能与各行业的具体情况相适应。国家环境保护行业标准由国家环境保护行政主管部门针对不同行业的具体情况制定，在全国范围内执行。在环境保护领域，主要围绕污染物排放来制定行业标准。污染物排放标准分为综合排放标准和行业排放标准。行业排放标准是针对特定行业的生产工艺、排污状况以及污染控制技术评估和成本分析，并参考国外相关法规和典型污染达标案例等综合情况而制定的污染物排放控制标准。

二、环境质量标准

1. 环境标准分为五类二级，二级为国家级、地方级；五类包括环境质量标准、污染物排放标准、监测方法标准、标准样品标准、基础标准；地方级有质量标准和污染物排放标准。

2. 我国现行环境标准体系，是由三级构成的，即国家标准、国家行业标准和地方标准三级；国家标准包括环境质量标准、污染物排放标准、基础标准、方法标准。

3. 我国现行环境标准体系，是由三级构成的，即国家标准、国家行业标准和地方标准三级；同时按照《中华人民共和国环境保护法标准管理办法》的规定，将国家环境标准分为环境质量标准、污染物排放标准、环境基础标准、方法标准和环境样品标准五类。

三、我国现行污染物排放标准

中国的排放标准是指对于各类污染物的排放要求和限制。中国制定了一系列的环保、减排政策以应对日益严峻的环境问题，其中就包括了严格的排放标准。以下是中国现有的主要排放标准：

（一）大气污染物排放标准

我国主要大气污染物排放标准包括二氧化硫、氮氧化物，PM10、PM2.5 等。其中，二氧化硫和氮氧化物是导致雾霾天气形成的主要污染物，PM10、PM2.5 则是空气中悬浮颗粒物质。当前，中国对这些污染物的排放标准分别为：

1. 二氧化硫：烧煤、石油、天然气等化石燃料的排放标准为 200～400 毫克/立方米，其他行业的排放标准为 100～200 毫克/立方米。

2. PM2.5：北京、天津、河北等部分城市须严格执行的日均值限量为 35 微克/立方米，其他城市为 75 微克/立方米。

（二）汽车排放标准

车辆排放是城市污染的重要源头之一。为了减少车辆排放对城市环境的污染，中国制定了各类车辆所须符合的排放标准，涵盖了尾气中的一氧化碳、氮氧化物、颗粒物等污染物。我国的汽车排放标准参考欧盟的标准，并按照国情进行微调。按国六排放标准。具体要求是：达到国六标准的汽柴油车，一次性污染物排放浓度应不超过 2.3 毫克/立方米或 4.5 毫克/立方米。

工业生产中，颗粒物和废气等污染物是重要的污染源。加强工业废气的管理和限制，有利于环境保护。我国的工业废气排放标准包括挥发性有机物排放标准、重金属排放标准、氯气排放标准、废气排放总量控制标准，等等。

我国水资源状况不容乐观，水污染问题严重。为了保护水质环境，我国制定了一系列的水污染物排放标准，对于企业生产和排污行为进行了规范。包括对废水中的化学需氧量、五日生化需氧量、氨氮等污染物级别的规定和控制。

四、我国环境监测方法标准

污染物造成环境污染的因素复杂，时空变化差异大，对其测定的方法可能有许多种，但为了提高环境监测数据的准确性和可比性，保证环境监测工作质量，环境监测必须制定和执行国家或部门统一的环境监测方法标准。有时，还必须执行国际统一的环境监测方法标准。这类方法标准很多，是环境监测操作过程必须执行的统一规范。

第三节　环境管理

一、理论基础与技术方法

（一）理论基础

1. 生态学原理

生态学的基本原理是环境规划与管理的重要理论基础，多年环境规划与管理工作取得的成果亦大多来自对生态学规律认识的进步。

（1）复合生态系统理论

①复合生态系统理论的内容。复合生态系统理论是由我国著名生态学家马世骏提出的，其内容概括为：当今人类赖以生存的社会、经济、自然是一个复合大系统的整体。社会是经济的上层建筑；经济是社会的基础，是社会联系自然的中介；自然则是整个社会、经济的基础，是整个复合生态系统的基础。以人的活动为主体的系统，如农村、城市和区

域，实质上是一个由人的活动的社会属性及自然过程的相互关系构成的社会、经济和自然的复合生态系统。

②复合生态系统的结构及功能。复合生态系统由社会、经济和自然相互作用、相互依赖的子系统组成。社会子系统包括人的物质生活和精神生活的各个方面，以高密度的人口和高强度的消费为特征；经济子系统包括生产、分配、流通和消费等环节，以物资从分散到集中的高密度运转，能量从低质到高质的高强度集聚，信息从低序到高序的连续积累为特征；自然子系统包括人类赖以生存的基本物质环境，以生物与环境的协同共生及环境对区域活动的支持、容纳、缓冲及净化为特征。

③复合生态系统理论和环境规划与管理。研究了解一个区域的复合生态系统，对本区域的环境规划与管理有着深刻的指导作用。

环境规划与管理实质上是一种克服人类经济社会活动和环境保护活动盲目性和主观随意性的科学决策活动。它的基本任务为：

第一，依据有限环境资源及其承载能力，对人类的经济和社会活动具体规定其约束和需求，以便调控人类自身的活动，协调人与自然的关系。

第二，根据经济和社会发展以及人民生活水平提高对环境越来越高的要求，对环境的保护与建设活动做出时间和空间的安排和部署。

因此，环境规划与管理要以经济和社会发展的要求为基础，针对现状分析和趋势预测中的主要环境问题，通过对相关资源和能源的输入、转换、分配、使用和污染全过程的分析，确定主要污染物的总量及发展趋势；弄清制约社会经济发展的主要环境资源要素，结合环境承载力分析，从经济—社会—自然复合生态系统的结构、特性、规模与发展速度的角度协调发展与环境的关系；提出相应的协调因子，反馈给复合生态系统，并针对这些协调因子的实现，从政策和管理方面提出建议，同时归纳出环境治理措施和战略目标。

区域环境规划与管理应该依据宏观层次的环境保护总体战略，将着眼点放在探求区域社会经济发展与环境保护相协调的具体途径上，遵循复合生态系统的运行规律，根据不同功能区的环境要求，从环境资源的空间入手，合理进行资源配置，使环境资源的开发、利用与保护并举，调整区域生产力布局、产业结构投资方向，提高生产技术水平和污染控制技术水平，并将相应的协调因子反馈给经济和社会子系统，以减少排污量，减轻环境压力或调整环境总量目标。

（2）生态学三定律

①第一定律。Miller 的生态学第一定律表述为：任何行动都不是孤立的，对自然界的任何侵犯都具有无数的效应，其中许多效应是不可逆的。该定律又称为极限性原理或多效应原理。生态环境系统中的一切资源都是有限的，环境对污染和破坏所带来的影响的承受

能力也是有限的。如果超出限度，就会使自然环境系统失去平衡，引起质变，造成严重后果。因此在进行环境规划与管理时，应根据事物的极限性定律，对环境系统中各因素的功能限度，如环境容量和环境承载力等进行慎重的分析。

②第二定律。Miller 的生态学第二定律表述为：每一种事物无不与其他事物相互联系和相互交融，该定律又被称为生态链原理。按照该原理，模仿生态系统物质循环和能量流动的规律构建工业系统，推行循环经济模式，研究现代工业系统运行机制的耦合思想，是环境规划与管理的重要理论基础。该定律在环境规划与管理中的重要应用是建立生态工业园。

③第三定律。Miller 的生态学第三定律表述为：我们生产的任何物质均不应对地球上自然的生物地球化学循环有任何干扰。此定律又被称为勿干扰原理或生物多样性原理。该定律给环境规划与管理提出了转变人类观念和调整人类行为、建立人与自然和谐相处的环境伦理观的基本任务。

2. 人地系统理论

人地系统是地球表层上人类活动与地理环境相互作用形成的开放的复杂巨系统。人地系统由人类社会系统和地球自然物质系统组成。人类社会系统是人地系统的调控中心，决定人地系统的发展方向和具体面貌；地球自然物质系统是人地系统存在和发展的物质基础和保障。人类社会系统和地球自然物质系统之间存在着双向反馈的耦合关系；人类社会系统以其主动的作用力施加于地球自然物质系统，并引发其变化，而变化了的地球自然物质系统又把这些作用的结果反馈给人类社会系统，作为原因再影响人类社会系统的活动。它们任何一方都既作为原因又作为结果对对方的行为产生影响，从而，二者之间形成了能动作用与受动作用的辩证统一。

（1）人地系统的特征

人地系统是一个开放的、复杂的、远离平衡态的、具有耗散结构的自组织系统。它具有如下特征：

①复杂性。人地系统层次结构众多，可以分解为若干子系统，而子系统又可以继续分解为次级子系统等。其主要特征是具有大量的状态变量，反馈结构复杂，输入与输出均呈现出非线性特征。

②开放性。人地系统的任何一个区域都不是孤立存在的，都需要与外界进行不断的物质、能量和信息的交换。这种交换既包括与其他区域进行交换，也包括与外层空间进行的交换。人地系统只有开放才能不断发展，否则就将走向灭亡。

③远离平衡态。人地系统是一个开放的系统，充分开放使得系统与环境的充分交换成为可能，也使得系统远离平衡成为可能。只有远离平衡才有发展。

④具有耗散结构。人地系统是一个远离平衡态的系统，它可以由于系统内部的涨落由一种状态、通过内部的自组织转变为新的有序状态，并依靠与外界交换物质和能量，保持一定的稳定性，它实际是一种具有耗散结构的自组织系统。

⑤具有协同作用。人地系统发生的无序向有序转变的自组织作用的机制在于系统内部和各子系统之间的各要素会产生彼此合作，即协同作用。协同作用的结果产生了宏观的有序，协同作用越大，则系统就表现出越强的整体功能。当人与环境之间的协同作用强时，就表现为人地关系的和谐。

⑥时空特征。人地系统的时间过程在静态上表现为规模、结构、格局、分布效益；在动态上表现为演变、交替、发展周期；它的空间特征表现为区位、生存空间、生态系统、地域实体。

（2）人地系统的协调共生理论

①人地系统协调共生的耗散结构理论原理。耗散结构理论认为，人地关系地域系统作为远离平衡态的开放系统，形成耗散结构的过程正是靠开放不断向其内输入低熵能量物质和信息、产生负熵流而得以维持。

区域作为一个由人类活动系统和地理环境系统组成的人地协调共生巨系统，维持二者协调共生的充要条件就是从其外部环境不断获取负熵流，在此基础上形成人类活动系统与地理环境系统之间，以及两大系统内部有利于人类发展的因果反馈关系。

②人地系统协调共生的理论意义。人地系统的协调共生，一方面要顺应自然规律，充分合理地利用地理环境；另一方面，要对已经破坏了的不协调的人地关系进行调整。具体表现如下：

第一，协调的目标是一个多元指标构成的综合性战略目标。社会经济必须发展，但要把改善生态条件、合理利用自然资源、提高环境质量以及由此涉及的生态、社会指标都纳入社会经济发展的指标体系中，从而构成一个多元指标组成的综合性发展战略目标。

第二，采取经济发展与生态环境建设相结合的同步发展模式。发展经济是主导，因为只有经济发展了，才可能为生态环境建设提供必要的资金、技术，从而提高人类保护环境的能力；发展经济也必须重视生态环境建设，以生态系统的总体制约为限度，保护环境的目的是更好地发展经济。

第三，合理开发区域自然资源，使其达到充分利用和永续利用。现代人地关系协调论认为，保护资源就是保护生产力，在经济发展中必须考虑不同性质的自然资源的特殊性，采取有利于维护自然资源总体使用价值的开发、利用方式。创造有利于自然资源再生产的条件，因地制宜、取长补短，使其得到充分、永续的利用。

第四，整治生态环境，使生态系统实现良性循环。人类在社会经济活动中所需要的物质和能量，都是直接或间接来自生态环境系统。人类对生态环境的干预和影响，不能超过生态环境系统自我调节机制所允许的限度，如果超出了生态环境容量，就必须积极采取措施，整治生态环境，引导生态系统实现良性循环。

③人地系统理论对环境规划与管理的启示。人地系统的非协调共生主要表现为系统的熵增过程，环境规划与管理的任务就是要认识环境系统的耗散结构规律，人为地调控环境系统中的物质和能量的交换关系，抑制系统熵的增加，使人地系统朝着相对有序的方向发展，创造和保持对人类工作和生活最优的环境状态。

环境规划与管理的目标是协调环境与社会、经济发展之间的关系，是为了促进区域的可持续发展，而具备可持续发展的区域，在其发展过程中首先要表现为人地系统的稳定和协调。但是具有稳定和协调的区域环境却不一定是可持续的，如果该区域环境十分脆弱，一旦受到破坏，便很难通过自组织作用再次达到有序的稳定和协调状态，那么这样的环境就不具备可持续性，就需要通过环境规划和管理加以保护和整治。

人地系统是充满非线性的系统，各种各样的要素相互作用、相互制约，构成了错综复杂的网络体系。关于人地系统的理论成果为环境规划与管理提供了新的思路。

人地系统是一个复杂的巨系统，现代科学目前尚不能有效地描述和处理各种复杂巨系统的问题。目前唯一有效的办法就是将专家经验、统计数据和信息资料、计算机技术三者结合起来的综合集成法。实际上，区域环境系统内部要素之间与系统内外要素之间都存在着大量的自组织现象和非线性相关现象，实际上它是一个开放的复杂巨系统。对这一系统进行研究，仅凭常规方法是不见成效的，其正确而有效的方法目前只能是综合集成法。综合集成法必然会成为环境规划与管理的有效方法和途径。

3. 环境经济学理论

(1) 环境经济学的基本理论

环境经济学研究的是发展经济与保护环境之间的关系，即研究环境与经济的协调发展理论、方法和政策。环境经济学研究的主要内容包括环境经济学基本理论、研究分析方法（主要是环境费用—效益分析）和环境管理经济手段的设计与应用等。

环境经济学的基本理论包括经济制度与环境、环境问题外部性、环境质量公共物品经济学、经济发展与环境保护、环境政策的公平与效率问题。

环境经济学的分析研究方法主要有环境退化的宏观经济评估、环境质量影响的费用—效益分析、环境经济系统的投入产出分析、环境资源开发项目的国民经济评价。

正在研究和广泛采用的环境管理经济手段主要有收费制度（如排污收费、使用者收费、管理收费等）、财政补贴与信贷优惠（主要是补助金制度和税费减免等）、市场交易

（如排放交易市场、市场干预和责任保险等）和押金制度。

（2）区域环境问题的经济学分析

环境规划与管理的目的是推进环境保护与经济的协调发展，从而合理有效地解决环境问题。环境经济学为环境问题的分析提供了有效的视角，即在市场经济条件下普遍存在的问题有市场失效、环境问题非确定性和不可逆性、环境保护与经济发展的矛盾等。

①市场失效。在市场经济条件下，对区域环境资源开发利用的目的是讲求效益与收益的最大化。但是市场机制既有实现资源最优配置的功效，同时也有不利于环境保护的缺陷，即所谓的市场失效问题。导致市场失效的主要原因有公共物品性、外部性、垄断竞争的存在以及非对称性。

第一，公共物品性。公共物品是指消费中的无竞争性和非排他性的物品，而环境资源的公共物品性是导致环境问题产生的根源之一。环境资源消费的无竞争性，表现在某一经济主体或个人对环境资源的消费不会影响其他主体对同一资源的消费；环境资源的非排他性，表现在某一主体即使没有支付相应的保护与治理费用，也无法将其排除在消费这一资源的群体之外。因此，社会中的每个人或团体都可以根据自身的费用—效益准则来利用资源，追求自身经济利益的最优化，而毫不顾忌他们的行为对环境资源造成的影响，甚至破坏。而对于环境保护，每个人都不愿意付出，存在着免费搭车的心理。

第二，外部性。外部性是指某个微观经济单位的生产、消费等经济活动对其他微观经济单位所产生的非市场性的影响。从资源配置角度分析，外部性表示不在决策者考虑范围之内的时候所产生的一种低效率现象。其中，对受影响者有利的外部性称为外部经济性，对受影响者不利的外部性称为外部不经济性。

第三，垄断竞争的存在。完全竞争或完全垄断的市场都是不存在的。实际存在的市场是一个介于二者之间的既有垄断又有竞争的市场，即垄断竞争的市场机制。

第四，非对称性。导致市场失效的非对称性因素主要有技术进步的非对称性和信息的非对称性两方面。

技术进步包括两种类型：一种是资源开发利用技术，另一种是环境资源保护技术。客观地说，这两种技术进步对人类都是有效用的，但资源开发利用技术实际上往往反应快、周期短、投资回报率高；而环境资源保护技术往往难度大、需要投入多、周期长、成功率和市场收益率低。因此，市场条件下的技术进步往往倾向于资源开发利用技术，从而出现了两种技术进步的非对称性。

信息的非对称性是指在市场条件下，生产者与消费者之间、经济发展与环境保护之间以及当前与未来之间、本区域与他区域或更大区域之间的信息的非对称性。这些信息的不对称性通常表现为前者对后者占有优势，经济发展的信息优势也通常引发经济发展与环境的不协调，即环境保护滞后于经济发展。而对于当前情况的信息优势，即对未来的不确定性或不可准确预见性也容易阻碍代际公平的实现，而代际公平恰恰是可持续发展的着眼点之一。本区域的信息优势也会导致区域间的公平障碍，或者说忽略了更大范围，甚至是全局的利益。

②环境问题的非确定性和不可逆性。环境问题的非确定性是指在规划决策时，由于对环境问题的认识和预测不能全面而准确，由此导致的各种预料不到的环境问题的产生。

环境问题的不可逆性是指资源的耗竭和生态破坏可能具有不可逆性，即无法恢复的特征。对于不可再生资源，这一点很好理解，而对于可再生资源，如果开发利用一旦超出了它们的自我更新能力，就会导致资源无法遏制的衰竭。

因此，强调环境问题的不确定性和不可逆性，是为了在制订环境规划与管理时，要高度重视环境问题。

③环境保护与经济发展的矛盾。从理论上讲，环境规划与管理是为了促进经济与环境的协调发展，而在实际工作中，二者却是一对较难调和的矛盾。是牺牲经济增长来保护环境，还是一味追求经济增长而宁可接受环境退化的后果，这二者都不是环境规划与管理的目的。那么化解环境与经济之间的矛盾，避免其冲突，应该成为环境规划与管理研究的核心内容。

（3）环境保护途径的经济学分析

既然市场机制不能自动地解决环境问题，就需要采取一定的手段，对市场运行机制予以适当纠正。其核心问题是如何消除环境外部不经济性，实现环境外部成本的内部化，使生产者或消费者自己承担所产生的外部费用，即“污染者负担”或“污染者付费”。

目前较有影响的环境保护经济手段有两类：一是经济刺激；二是直接管制。经济刺激是利用价值规律的作用，采用限制性或鼓励性措施，促使污染者自行减少或消除污染的手段，如产品收费、排污收费、押金制、排污交易等；直接管制是政府根据法律、法规等，强行对外部性予以管理的方式。

（二）技术方法

1. 预测的技术方法

环境预测方法根据预测结果一般分为定性预测和定量预测，根据预测的内容又可以分为社会发展预测、经济发展预测、环境质量与污染预测等。

（1）定性预测方法

定性预测是预测者利用直观的材料，根据掌握的专业知识和丰富的实际经验，运用逻辑思维方法对未来环境变化做出定性的预计推断和环境交叉影响分析。定性预测常用的方法有头脑风暴法、德尔菲预测法和主观概率法等。这类技术方法以逻辑思维为基础，综合运用这些方法，对分析复杂、交叉和宏观问题十分有效。

（2）定量预测方法

定量预测是根据历史数据和资料，应用数理统计方法来预测事物的未来，或者利用事物发展的因果关系来预测事物的未来。常用方法有趋势外推法、回归分析法、指数曲线法、环境系统的数学模型法等。

（3）环境质量与污染预测

环境质量与污染预测包括大气、水、固体废物和噪声等方面的预测。大气污染预测方法主要有经验公式法、箱式模型和高斯模型等；水污染预测方法常用的有经验公式法、水质相关法和水质模型法等；固体废物预测方法常用的有排放系数预测法、回归分析法和灰色预测法等；噪声预测方法常用的有多元回归预测法和灰色预测法等。

2. **决策的技术方法**

环境规划与管理中比较常用的决策方法有环境费用—效益分析方法、数学规划方法和多目标决策分析方法等。

（1）环境费用—效益分析方法

费用—效益分析最初是作为国外评价公共事业部门投资的一种方法发展起来的，后来这种方法被引入环境领域，作为识别和度量各种项目方案或规划管理活动的经济效益和费用的系统方法，其基本任务就是分析计算规划与管理活动方案的费用和效益，然后通过比较评价从中选择净效益最大的方案，提供决策。

①备选方案的费用—效益识别。为了识别备选方案的费用和效益，可进行如下步骤的研究和分析；

第一，明确目标。环境费用—效益分析的首要工作就是确定所要达到的目标。对于环境规划与管理来说，其总的意图无疑是保护环境，提高和改善现有环境质量，使其更好地为人类服务。但具体到各建设项目或环境规划与管理活动，因其所处地区、发展阶段、环境现状、存在的问题等不同，所要达到的目标也不同。只有目标明确了，才能找出现实环境中存在的问题及目标与现实之间的差距，并为备选方案的设计指明方向。

第二，提出问题。对于环境规划与管理来说，提出问题就是要弄清规划与管理方案中各项活动所涉及环境问题的内容、范围和时间尺度，从而为规划与管理方案的影响识别分析奠定基础。

第三，环境影响因子识别与筛选。环境影响因子是指因人类活动改变环境介质（空气、水体或土壤等），而使人体健康、人类福利、环境资源或区域、全球系统发生变化的物理、化学或生物的因素。这些影响因子在数量及空间分布和时间尺度上的变化决定了环境系统的功能。因此，对导致环境功能变化的影响因子进行识别，并筛选出主要因子，是环境影响分析的前提条件。

第四，备选方案的环境影响分析。在识别了主要的环境影响因子之后，就要确定这些影响因子的环境影响效果，即对环境功能或环境质量的损害，以及由于环境质量变化而导致的经济损失。

第五，价值货币化。为了使环境规划与管理方案的影响效果具有可比性，费用—效益分析方法采用了将方案的定量化损失、效益统一为货币形式的表达方式。从决策分析的角度看，环境费用—效益分析的货币化过程，实质上是将决策的多种目标统一为单一经济目标的过程。通常，在环境规划与管理方案的制订中，投资、运行费用以及相关经费构成费用—效益分析的费用计算内容，而方案的非经济效益（或损失），则需要借助于货币化技术方法进行估计计算。

②对计算出的备选方案的费用和效益进行贴现。在利用费用—效益分析方法评价环境规划与管理方案的决策分析中，由于方案的实施往往是在一定时期内进行的，因而不同方案及其效益发生的时间不尽相同。为此，在费用—效益计算过程中，需要运用社会贴现率把不同时期的费用—效益化为同一水平年的货币值，通常转化为现值，以使整个时期的费用—效益具有可比性。

③备选方案的费用—效益评价及选择。进行方案费用—效益的比较评价，通常可采用经济净现值、经济内部收益率、经济净现值率和费效比等评价指标。

（2）数学规划方法

目前，用于环境规划与管理中的数学规划方法主要线性规划、非线性规划以及动态规划等。

①线性规划。线性规划是一种最基本也是最重要的最优化技术。从数学上说，线性规划问题可描述为：

第一，用一组未知变量表示某一规划方案，这组未知变量的一组定值代表一个具体的方案，而且通常要求这些未知变量的取值是非负的。

第二，每一个规划对象都由两个组成部分：一是目标函数，按照研究问题的不同，常常要求目标函数取最大或最小值；二是约束条件，它定义了一种求解范围，使问题的解必须在这一范围之内；这些约束条件均以未知量的线性等式或不等式约束来表达；

第三，每一个规划对象的目标函数和约束条件都是线性的。

所谓运用线性规划方法进行决策分析，就是对一规划对象，通过建立线性规划模型，即在各种相互关联的多个决策变量的线性约束条件下，选择实现线性目标函数最优的规划方案的过程。一般线性规划问题求解，最常用的算法是单纯形法，已有大量标准的计算机程序可供选用。此外，在一定条件下，也可采取对偶单纯形法、两阶段法进行线性规划的求解。对于某些具有特殊结构的线性规划问题，如运输问题，系数矩阵具有分块结构等问题，还存在一些专门的有效算法。

②非线性规划。如果在规划模型中，目标函数和约束条件表达式中存在至少一个关于决策变量的非线性关系式，这种数学规划问题就称为非线性规划问题。

一般地，非线性关系的复杂多样性，使得非线性规划问题求解要比线性规划问题求解困难得多，因而不像线性规划那样存在普遍适用的求解算法。目前，除在特殊条件下可通过解析法进行非线性规划求解外，绝大部分非线性规划采用数值求解。数、值法求解非线性规划的算法大体分为两类：一是采用逐步线性逼近的思想，即通过一系列非线性函数线性化的过程，利用线性规划方法获得非线性规划的近似最优解；二是采用直接搜索的思想，即根据非线性规划的一些可行解或非线性函数在局部范围的某些特性，确定一有规律的迭代程序，通过不断改进目标值的搜索计算，获得最优或满足需要的局部最优解。各种非线性规划求解算法各有所长，这需要根据具体非线性问题的数学特征选择使用。

③动态规划。动态规划方法是用以解决多阶段决策问题的方法。所谓多阶段决策问题是指一个决策问题包含若干个相互联系的阶段或子过程，决策者需在每一个阶段做出选择，以使整个决策过程最优的决策问题。

用动态规划方法求解多阶段决策问题，其理论依据是最优化原理或称贝尔曼优化原理。该原理可概括为：一个多阶段决策问题的最优决策序列，对其任一决策，无论过去的状态和决策如何，若以该决策导致的状态为起点，其后一系列决策必须构成最优决策序列。根据上述原理，动态规划方法遵循两个重要原则：一是递推关系原则，对一个多阶段决策系统而言，某一低阶段的状态是在优化的条件下向高一阶段延伸的，即每一阶段的决策都是以前一步的决策为前提；二是纳入原则，凡是可以用动态规划方法求解的问题，它的性质和特点不随过程级数多少的变化而变化。

（3）多目标决策分析方法

①多目标决策分析的概念。所谓多目标决策问题是指在一个决策问题中同时存在多个目标，每个目标都要求其最优值，并且各目标之间往往存在着冲突和矛盾的一类决策问题。

②有限方案的多目标决策分析方法。目前，可供环境规划与管理选用的多目标决策分析方法很多，但在实践中，最可行的多目标决策分析仍是基于一组目标对若干待定方案进行评价比较的形式。这不仅易于体现环境规划与管理多目标分析的逻辑过程，而且易于适应环境规划与管理决策问题的非程序化特征。

二、环境规划管理的技术支撑

（一）环境监测

环境监测是环境管理工作的一个重要组成部分，它通过技术手段测定环境质量因素的代表值以把握环境质量的状况。

1. 环境监测的目的和任务

通过长时期积累的大量的环境监测数据，可以据此判断该地区的环境质量状况是否符合国家的规定，可以预测环境质量的变化趋势，进而可以找出该地的主要环境问题，甚至主要原因。在此基础上才有可能提出相应的治理方案、控制方案、预防方案以及法规和标准等一整套的环境管理办法，做出正确的环境决策。

另外，通过环境监测还可以不断发现新的和潜在的环境问题，掌握污染物的迁移、转化规律，为环境科学研究提供启示和可靠的数据。

环境监测包括对污染源的监测和对环境质量的监测两方面。通过对污染源的监测，可以检查、督促各企事业单位遵守国家规定的污染物排放标准。通过对环境质量的监测，可以掌握环境污染的变化情况，为选择防治措施、实施目标管理提供可靠的环境数据；为制定环保法规、标准及污染防治对策提供科学依据。

2. 环境监测的分类

作为环境管理的一项经常性的、制度化的工作，环境监测分为常规监测和特殊目的监测两大类，分述如下：

（1）常规监测

常规监测是指对已知污染因素的现状和变化趋势进行的监测。这类监测又进一步具体化为以下两种：

①环境要素监测。针对大气、水体、土壤等各种环境要素，分别从物理、化学、生物角度对其污染现状进行定时、定点监测。

②污染源的监测。对各类污染源的排污情况从物理、化学、生物学角度进行定时监测。

（2）特殊目的监测

这类监测的形式和内容很多，主要有以下三种：

①研究性监测。这类监测是根据研究的需要确立须监测的污染物与监测方法，然后再确定监测点位与监测时间组织监测，从而去探求污染物的迁移、转化规律以及所产生的各

种环境影响，为开展环境科学研究提供科学依据。

②污染事故监测。这类监测是在发生污染事故以后在现场进行的监测，目的是确定污染的因子、程度和范围，从而确定产生污染事故的原因及其所造成的损失。

③仲裁监测。这类监测是为解决在执行环境保护法规过程中出现的在污染物排放及监测技术等方面发生的矛盾和争端时进行的，它通过所得的监测数据为公正的仲裁提供基本依据。

3. 环境监测的程序与方法

①环境监测程序。环境监测的程序因监测目的不同而有所差异，但其基本程序是一致的。首先是进行现场调查与资料收集，调查的主要内容是各种污染源及排放规律，自然和社会的环境特征。其次是确定监测项目，之后是监测点布设及采样时间和方法的确定。最后，进行数据处理和分析，将结果上报。

②环境监测方法。环境监测的方法，从技术角度来看，多种多样，有物理的、化学的、生物的；从先进程度来看，有人工的，有自动化的。最近，由于遥感技术、信息技术和数字技术的迅猛发展，环境监测的方法在日新月异地发展着、更新着。但不管什么方法，都决定于监测的目的和实际可能的条件。

4. 环境监测的质量保证

①质量保证的目的。质量保证的目的是使监测数据达到以下五方面的要求：

第一，准确性。测量数据的平均值与真实值的接近程度。

第二，精确性。测量数据的离散程度。

第三，完整性。测量数据与预期的或计划要求的符合。

第四，可比性。不同地区、不同时期所得的测量数据与处理结果要能够进行比较研究。

第五，代表性。要求所监测的结果能表示所测的要素在一定的空间范围内和一定时期中的情况。

②质量保证的内容。第一，采样的质量控制，包括以下三方面的内容：审查采样点的布设和采样时间、时段选择；审查样品数量的总量；审查采样仪器和分析仪器是否合乎标准和经过校准，运转是否正常。

第二，样品运送和贮存中的质量控制，主要包括样品的包装情况、运输条件和运输时间是否符合规定的技术要求。防止样品在运输和保存过程中发生变化。

第三，数据处理的质量控制。

（二）环境标准基础

环境标准是环境管理目标和效果的表示，也是环境管理的工具之一，是环境管理工作由定性转入定量，更加科学化的显示。

1. 环境标准的基本概念

环境标准是为维持环境资源的价值，对某种物质或参数设置的最低（或最高）含量。标准可适用的环境资源范围较广。它是通过分析影响资源的敏感参数，确定维持该资源所需水平的关键浓度而制定的，这些参数在标准中有所体现。

（1）环境标准的功能

环境标准是一种法规性的技术指标和准则，是环境保护法制系统的一个组成部分。因此，环境标准是国家进行科学的环境管理所遵循的技术基础和准则，它是环保工作的核心和目标。合理的环境标准可以指导经济和环境协调发展，严格执行环境标准可以保护和恢复环境资源价值，维持生态平衡，提高人类生活质量和健康水平，并为制定区域发展负载容量奠定基础。对于某些有价值的环境资源已被污染干扰而致破坏的地区，采用严格的区域排放标准可以逐步改善各种参数，使其逐步达到环境质量标准，并恢复资源价值。

（2）环境标准的分类

我国的环境标准分三类，即环境质量标准、污染物排放标准以及环境保护基础和方法标准。

①环境质量标准。有大气、地面水、海水、噪声、振动、电磁辐射、放射性辐射以及土壤等各个方面的标准。

②污染物排放标准。除了污水综合排放标准以及行业的排放标准外，还有烟尘排放标准，同时对噪声、振动、放射性、电磁辐射也都做了防护规定。

③环境保护基础和方法标准。是对标准的原则、指南和导则、计算公式、名词、术语、符号等所做的规定，是制定其他环境标准的基础。

随着经济技术的发展和进步，环境保护工作不断深化的需要，出现了越来越多的环境标准，如各种行业排放标准，各种分析、测定方法标准和技术导则，其他还有部级颁发的标准，如卫健委颁发的各种卫生标准和检验方法标准，在区域规划和环评过程中，某些项目没有标准的情况下，允许使用推荐的标准。

（3）环境标准的等级

环境标准分国家环境标准和地方环境标准两级。我国的地方标准是省、自治区、直辖市级的地方标准。基础和方法标准只有国家级标准。

国家标准具有全国范围的共性或针对普遍的和具有深远影响的重要事物，它具有战略性的意义。而地方标准和行业标准带有区域性和行业特殊性，它们是对国家标准的补充和具体化。同时各种方法标准、标准样品标准和仪器设备标准可以作为正确实施标准的保证。

环境标准由各级生态环境部和有关的资源保护部门负责监督实施。生态环境部设有标准司，负责环境标准的制定、解释、监督和管理。

2. 环境标准的制定

（1）制定环境标准的原则

①保障人体健康是制定环境质量标准的首要原则。因此在制定标准时首先须研究多种污染物浓度对人体、生物、建筑等的影响，制定出环境基准。

②制定环境标准，要综合考虑社会、经济、环境三方面效益的统一。具体说来就是既要考虑治理污染的投入，又要考虑治理污染可能减少的经济损失，还要考虑环境的承载能力和社会的承受力。

③制定环境标准，要综合考虑各种类型的资源管理、各地的区域经济发展规划和环境规划的要求和目标，贯彻高功能区用高标准保护，低功能区用低标准保护的原则。

④制定环境标准，要和国内其他标准和规定相协调，还要和国际上的有关协定和规定相协调。

（2）制定环境标准的基础

与生态环境和人类健康有关的各种学科基准值：

①环境质量的目前状况、污染物的背景值和长期的环境规划目标；

②当前国内外各种污染物处理技术水平；

③国家的财力水平和社会承受能力，污染物处理成本和污染造成的资源经济损失等；

④国际上有关环境的协定和规定，其他国家的基准/标准值，国内其他部门的环境标准（如卫生标准、劳保规定）。

（3）制定环境标准的原理

①环境质量标准的制定原理。环境质量标准是从多学科、多基准出发，研究社会的、经济的、技术的和生态的多种效应与环境污染物剂量的综合关系而制定的技术法规。

制定环境质量标准的科学依据是环境质量基准。基准值是纯科学数据，它反映的是单一学科所表达的效应与污染物剂量之间的关系。环境标准中最低类别大多与这些基准值有关。将各种基准值综合以后，还需与国内的环境质量现状、污染物负荷情况、社会的经济和技术力量对环境的改善能力、区域功能类别和环境资源价值等加以权衡协调，这样才能将环境质量标准置于合理可行的水平上。

②污染物排放标准制定原理。污染物排放标准是指可排入环境的某种物质的数量或含量。在这个数量范围内排放不会使环境参数超出已确定的环境质量标准范围。

3. 环境标准的应用

环境标准是环境管理工作中的一个重要工具和手段，在环境管理中有众多应用。首先它是表述环境管理目标和衡量环境管理效果的重要标志之一。比如在进行环境现状评价和环境影响评价时，都需要有一个衡量好坏、大小的尺度，从而做出能否允许、是否接受的判断。环境标准就承担了尺度的作用。又如在制订环境规划时，首要的任务就是进行功能分区，并明确各功能区的环境目标，然后才能做下一步的各种规划安排，而各功能区的环境目标也只有用环境标准来表示。再如在制订排污量或排放浓度的分配方案时，也必须在明确了环境目标的前提下才能进行。

还有在制定各种环境保护的法规和管理办法时，也必须以环境标准为准则，才能分清环境事故的责任人与责任大小，做出正确的裁判或评判。

（三）环境预测

1. 环境预测的概念

预测是指对研究对象的未来发展做出推测和估计。或者说，预测就是对发展变化事物的未来做出科学的分析。环境预测是根据已掌握的情报资料和监测数据，对未来的环境发展趋势进行的估计和推测，为提出防止环境进一步恶化和改善环境的对策提供依据。它是环境管理的重要依据之一。

由于环境管理的职能是协调各方面的关系，规范各方面的行为，以避免环境问题的发生，或减少环境问题的危害。在这些环境管理活动中，需要不断分析形势、了解情况、估计后果，也就是说，都需要预测。这样才能使做出的决策具有正确性，制订的方案具备可达性。

尽管环境状态的变化极其复杂，且带有较大的随机性，但由于它是客观存在的，因而是可以被认识的。特别是我们可以通过调查、监测了解它的过去和现在，抽象出它们的变化规律，因而我们对环境状态的变化可以做出比较正确而且可以越来越正确的估计和预测。

2. 环境预测的方法

根据预测方法的特性分类，可分为以下三种：

（1）定性预测方法

可泛指经验推断方法、启发式预测方法等。这类方法的共同点主要是依靠预测人员的经验和逻辑推理，而不是靠历史数据进行数值计算。但它又不同于凭主观直觉做出预言的方法，而是充分利用新获取的信息，将集体的意见按照一定的程序集中起来形成的。

属定性预测方法的有德尔菲法、主观概率法、集合意见法、层次分析法、先导指标预测法等。

（2）定量预测方法

定量预测方法主要是依靠历史统计数据，在定性分析的基础上构造数学模型进行预测的方法。按照预测的数学表现形式可分为定值预测和区间预测。这种方法不靠人的主观判断，而是依靠数据，计算结果比定性分析具体和精确得多。

属于定量预测方法的有趋势外推法、回归分析法、投入产出法、模糊推理法、马尔柯夫法等。

（3）综合预测方法

综合预测方法是定性方法与定量方法的综合。也就是说，在定性方法中，也要辅之以必要的数值计算；而在定量方法中，模型的选择、因素的取舍以及预测结果的鉴别等，也都必须以人的主观判断为前提。由于各种预测方法都有它的适用范围和缺点，综合预测法兼有多种方法的长处，因而可以得到较为可靠的预测结果。

（四）环境决策

管理是由预测、评价、决策和执行所构成的一个连续过程，而决策是管理的核心组成部分。环境管理同一般管理一样，离不开环境决策。环境决策是决策理论与方法在环境保护领域的具体应用，是环境管理的核心。它具有目标性、主观性、非程序化等特点。因此，对环境决策理论、方法和技术的研究已成为环境管理的重要任务。

1. 环境决策方法分类

（1）按照环境决策问题的条件和后果可分为确定型决策和非确定型决策两种

确定型决策是指影响决策问题的主要因素以及各因素之间的关系是确定的，决策结果也是确定的一类决策问题。

非确定型决策又分风险型决策和不定型决策两种。风险型决策也叫随机型决策，是指在影响决策问题的外界条件出现的概率已知情况下的一类决策问题。在这类问题的决策过程中，存在着大量的不可控因素。不定型决策和风险型决策一样，也存在着不可控因素，所要处理的问题是在外界情况概率不知的情况下的一类决策问题。与确定型决策相反，非确定型决策结果随决策者的不同而不同。在环境管理中，大量的决策问题都表现为非确定型决策。

（2）按照环境决策问题出现有无规律性可分为程序化决策和非程序化决策

程序化决策也叫重复性决策或常规决策，所要解决的是环境管理中经常出现的问题。对待重复性决策问题，可根据以往的经验规定一套常规的处理办法和程序，使之成为例行状态。非程序化决策也叫一次性决策或非常规决策。有许多环境问题具有很大的偶然性和随机性，所要解决的问题没有充分的经验可以遵循，事先难以确定解决此类环境问题决策的原则和程序。对待非程序化决策问题，不同的决策者会得出不同的决策结果。要运用权变管理思想，具体情况具体分析，针对决策问题所处的客观环境进行随机决策。环境管理中的决策除项目环境管理决策之外，大多数决策都是非程序化决策。

（3）按照环境决策问题所包含的目标数量可分为多目标决策和单目标决策

多目标决策是指一个决策问题中同时存在多个目标，要求同时实现最优值，并且各目标之间往往存在着冲突和矛盾的一类决策问题。单目标决策是指一个决策问题中只包含一个目标的一类决策问题。在环境管理中，所面对的决策问题往往是多目标决策问题。

（4）按照环境决策信息的精确度可分为定性决策和定量决策

定性决策是以经验判断为主的一类决策，而定量决策是以量化的信息、数据作为判断依据的一类决策。在环境管理实践中，关于环境保护的经济政策、产业政策、资源政策等问题的决策基本上就是一种定性决策，而关于环境标准的制定、总目标的制定等问题的决策就是一种定量决策。

以上关于决策的分类是为了便于读者对决策问题有一个较全面和深刻的了解。与这些决策类型相对应，存在着各种不同的决策方法。就一般的管理而言，其决策方法有几十种，许多论著有比较详细的论述。然而，对于环境管理而言，其有效的、常用的决策方法主要包括德尔菲决策法、多阶段决策法、多目标决策法和非确定型决策法。下面主要介绍多目标决策法和非确定型决策法。

2. 多目标决策法

在解决和处理多目标决策问题时，要遵循“化多为少”的原则。即在满足决策需要的前提下，对问题进行全面分析，尽量减少目标的个数。常用的办法有：一是对各个目标按重要性进行排序，决策时首先考虑重要目标，然后再考虑次要目标，剔除从属性和必要性不大的目标。二是将类似的几个目标合并。三是把次要目标转化为约束条件。四是在各个目标的函数关系明确的情况下，把几个具有相同度量的目标通过平均加权或构成新函数的办法形成一个综合目标。

当然，哪些目标是重要的，哪些目标是次要的，如何进行转化或合并，不同的决策者会有不同的选择和判断。因此，多目标决策问题含有许多不确定性的因素：从决策的内容来看，多目标决策法是确定型的决策方法；而从决策的结果来看，多目标决策法又是非确定型的决策方法。

3. 非确定型决策法

非确定型决策法根据外界情况出现的概率分为不定型决策和风险型决策两种。

（1）不定型决策法

①不定型决策问题及方法。所谓不定型决策问题是指决策者面对 n 种外界条件和 m 个方案，在不知道各种条件出现的概率的情况下，根据损益矩阵进行选择的一类决策问题。解决不定型决策问题的方法称为不定型决策法。

②不定型决策的基本法则。根据损益矩阵表，可采用以下法则进行不定型决策：

第一，小中取大法则。此法则是先求出每种方案的最小损益值，然后选取所有最小损益值中最大的方案为决策方案。此种决策方法属于保守型的决策方法，由此产生的收益值比较小。

第二，大中取大法则。此法则是先求出每种方案的最大损益值，然后选择所有最大损益值中最大的方案为决策方案。实际上，这种法则就是在损益矩阵中找到最大的损益值，这种决策方法属于激进型或过于乐观的决策方法。一旦决策失误，将会造成很大的损失。

第三，a 法则。此法则是先给定一个常数 α（$0<\alpha<1$），然后根据每一方案的最大损益值和最小损益值计算。

这里，a 值的选择是关键。a 值愈大，决策结果愈接近大中取大法则；a 值愈小，决策结果愈接近小中取大法则。不难看出，前两种法则是 a 法则当 $a=1$ 和 $a=0$ 的特殊情况。

第四，平均法则。此法则是先对每个方案的损益值加以平均，然后取所有平均值最大的那个方案作为决策方案。

第五，最小遗憾法则。此法则是在损益矩阵的每一列中选一个最大的元素，将这一列的每一元素都减去这个最大值，得到一个遗憾矩阵。这个矩阵的特点是每一个元素都是小于或等于零的数。根据遗憾矩阵，按照小中取大法则进行决策。遗憾法则是使损失降低至最低限度的一种决策方法。

（2）风险型决策法

①期望值决策法。此种方法是先通过贝叶斯公式计算各方案的损益期望值，然后选择所有损益期望值最大的那个方案为决策方案。

②最大可能法。此种方法是将风险型决策转化为确定型决策的一种决策方法。其基本应用前提是：某一外界条件出现的概率比其他条件出现的概率大得多，而它们的相应损益值差别不大。最大可能法实际上就是在“大概率事件可看成是必然事件，小概率事件可看

成是不可能事件”这样的假设前提下，把风险型转变为确定型的一种决策方法。

③决策树法。所谓决策树法是指以树状图形作为分析和选择方案的一种决策方法。实际上是以期望值为基础的图解决策方法。

决策树由决策点、方案分支、状态节点、概率分支和结果点组成。决策树法的决策步骤：第一步，画决策树。把某个决策问题未来发展情况的可能性和可能结果逐级展开为方案分支、状态节点、概率分支等。第二步，计算期望值。在决策树中由末梢开始即从右向左依次进行，利用损益值和相应的概率计算出每个方案的损益期望值。第三步，剪枝。这是方案的比较过程，从左向右对决策点的各方案分级逐一比较，最后择优以确定方案。

决策树法直观、形象、易于理解，是一种在经济决策中常用的决策方法。

非确定型决策法在环境管理中有广泛的应用。如环保产业的发展决策，环境保护的投资决策，环境科学技术发展决策等问题，都包含了大量的、非确定性的不可控因素。比如社会政治因素、经济因素、教育因素、文化因素、国际环境等都处于不断变化之中，必然会对这些问题的决策产生不可预料的影响，使这类决策问题充满了一定的风险和不定性内容。所以，环境保护给非确定型决策法提供了广阔的应用空间和领域。

（五）环境统计

1. 统计的概念和内容

统计是收集、整理、分析、研究有关自然、科学技术、生产建设以及各种社会现象等实际情况的数字资料的过程。通常，统计工作的基本过程大致分为三个阶段。

第一阶段是统计调查过程。其基本任务是经过周密的统计设计后，根据统计工作的任务，按照确定的统计指标和指标体系，向社会做系统的调查，取得各种以数字资料为主体的统计资料。为保证统计工作的质量，统计调查必须符合准确性和及时性的要求，这也是衡量环境统计工作质量的重要标志。

第二阶段是统计整理过程。对调查得到的统计资料进行条理化、系统化的分组、汇总和综合，把大量原始的个体资料汇总成可供分析的综合资料，编制各种图表，建立数据库，这就是对统计资料的加工整理过程。统计整理不仅汇总各种总量指标，还要计算各种所需的相对指标、平均指标编制各种统计表，绘制统计图，并要建立与之相适应计算机信息网络的能满足多种用途的数据库，以适应统计资料储存和深层加工利用的需要。

第三阶段是统计分析过程。统计分析过程是在统计整理基础上，根据统计的目的要求，运用各种统计指标和分析方法，采用定性和定量分析相结合，对社会经济现象的本质和规律做出说明，反映这些现象在一定时空条件下的状况和发展变化趋势，达到对这些现象全面深刻的了解。统计分析一般分为综合性分析和专题分析。

2. 环境统计的概念和范围

环境统计是用数字反映并计量人类活动引起的环境变化和环境变化对人类的影响。环境问题的广泛性决定了环境统计对象的广泛性。

由于环境统计是以环境为主要研究对象，因此它的研究范围涉及人类赖以生产和生活的全部条件，包括影响生态平衡的诸因素及其变化带来的后果。根据环境保护工作的需要，联合国统计司提出环境的构成部分包括植物、动物、大气、水、土地土壤和人类居住区。环境统计要调查和反映以上各个方面的活动和自然现象及其对环境的影响。

3. 环境统计的分析方法

环境统计研究方法主要有大量观察法、综合分析法、归纳推断法等。

（1）大量观察法

环境现象是复杂多变的，各单位的特征与其数量表现有不同程度的差异，建立在大量观察基础上的统计结果必然具有较好的代表性。在研究现象的过程中，统计要对总体中的全体或足够多的单位进行调查与观察，并进行综合研究。

（2）综合分析法

综合分析法是指对大量观察所获资料进行整理汇总，计算出各种综合指标（总量指标、相对指标、平均指标、变异指标等），运用多种综合指标来反映总体的一般数量特征，以显示现象在具体的时间、地点及各种条件的综合作用下所表现出的结果。

（3）归纳推断法

所谓归纳是由个别到一般，由事实到概括的推理方法，这种方法是统计研究常用的方法。统计推断可用于总体特征值的估计。也可用于总体对某些假设的检验。

（六）环境审计

1. 环境审计的含义

（1）定义

环境审计是一个较新的术语，又是一个应用日趋广泛的术语，在很长一段时间内，“环境审计”活动是在不同的名称下进行的，如环境回顾、考察、调查、质量控制、环境评估等。广义地说，环境审计是对环境管理的某些方面进行检查、检验和核实。

我国学者认为环境审计是指审计组织对被审计单位的环境保护项目计划、管理和实施活动的真实性、合法性和效益性进行的审查鉴证，评价法律责任的一种监督活动。其主旨是促使环境管理系统有效运行，控制社会经济活动的环境影响。

（2）环境审计的要素

①审计主体。包括审计机关、内部审计机构和注册会计师。参与审计工作的成员应能胜任工作，能够在技术上对环境做出可靠的、符合实际的评价。所需的技能涉及对一般环境事物和政策的了解，以及环境方面的专长、实际工作经验和环境审计方面的知识。

②审计客体。包括环境规划、经营活动的环境影响、环保机构工作绩效、环保政策法规制定与执行情况、环境报告的完整和公允性等。只有在主动贯彻和对已鉴定的事物进行跟踪的条件下，审计的全部价值才能得以实现。

2. 环境审计的类型

环境审计有三种主要类型，即司法审计、技术审计和组织审计。

（1）司法审计

司法审计包括审查：

①国家环境政策的目标。

②现行的法规在实现这些目标方面所起的作用。

③怎样才能对法规进行最好的修正。一些要考虑的领域包括国家对有关自然资源的所有权，及其使用和管理方面的政策，以及国家在控制污染和保护环境方面的法律和法规。

（2）技术审计

技术审计报告了对空气和水污染、固体和有危险性的废弃物、放射性物质、多氯联苯（PCBs）和石棉的检测结果。例如，气体排放源的形式可包括排放源的类型、设备的类型和排放方式、控制设备的容量以及排放点的位置、高度和排放速度等。

（3）组织审计

这种审计包括对有关公司的管理机构、内部和外部信息的传递方式，以及教育和培训计划等方面的审查。它揭示了有关工厂的详细情况，例如，有关工厂的历史和工厂厂长、环境协调人、采购代理、维修监督员和实验室管理员的姓名。

3. 环境审计方法

（1）审计准备

每一项审计的准备工作都包括大量的活动，活动的内容包括选择审查现场，挑选、组织审计小组，制订审计计划以确定技术、区域和时间范围，获得工厂的背景材料（如用调查表的方法进行调查）以及要被用在评估程序中的标准。这样做的目的是减少现场活动时的时间浪费，使审计小组在整个现场审计过程中能发挥最大的工作效率。

（2）现场审计活动

现场审计活动由五个基本步骤组成：

①鉴别和了解企业内部的管理控制系统。内部控制是与工厂环境管理系统联系在一起的。内部控制包括有组织的监测和保存记录的程序；正式计划，如防止和控制偶然的污染物排放；内部检查程序；物理控制，如排放物的控制；以及各类其他控制系统要素等。审计小组通过利用正式的调查表、观察资料和会谈等方法，来获取大量的资料，并从这些大量的资料中获得与所有重要的控制系统要素有关的信息。

②评价企业内部的管理控制系统。主要是评价管理控制系统的功能和效果。在有些情况下，法规对管理控制系统的设计做了详细说明，例如，对偶然的排放物，法规可列出要包含在计划中的、与其有关的专项内容。但更常见的情况是，小组成员必须依靠他们自己的专业判断能力对控制系统做出评价。

③收集审计资料。审计小组搜集所需证据，以便证实控制系统在实际运行中确实能达到预期的效果。小组成员根据审计草案（该审计草案可根据实际情况进行调整）中的既定程序进行工作。该步骤内容包括：审查排放物的监测数据以确证其符合规定的要求；审查培训记录以证实有关的工作人员已接受过培训，或审查采购部门的记录以证实废弃物承包商具有资格处置这些废弃物。记录下收集到的全部信息，进行分析，并做记录。控制系统中的要素存在的不足，也要记录下来。

④评价审计调查结果。单项控制调查结束之后，小组成员得出的是与控制系统单个要素有关的结论。接下来要综合评价该调查结果，并评估不足之处。在评价该审计调查结果时，审计小组要确认有足够的证据来证实调查的结果，并清楚、概要地总结调查的结果。

⑤向工厂汇报调查结果。在审计过程中，就调查的结果，通常要与工厂职员分别进行讨论。在总结审计报告时，要与工厂管理部门一起召开一个正式的会议，汇报调查结果及其在控制系统运行中的重要性。审计小组可在准备最后报告之前，向管理部门提交一份书面总结作为中期的报告。

（3）后期审计活动

在现场审计后期，还有三项重要的工作要做：

①准备最终报告并提出一个更正行动的计划。最终审计报告一般由小组负责人撰写，然后由负责评价其准确性的人员进行审查，之后才被提交给相应的管理部门。

撰写环境审计报告有三种基本方法，叙述性分析法、调查表分析法、调查表和半定量分析法。在全部三种方法中，座谈可能是一种使用最广泛的信息收集方法。

②行动计划的准备及执行。在审计小组或外部专家的协助下，工厂提出一项计划，该项计划反映了全部调查的结果。行动计划作为一种途径，是为取得管理部门的认可和保证计划顺利实施服务的。只要可能，就应立即付诸行动，以使管理部门确信合适的更正行动已经计划了。当然，如果更正行动没有很快地进行，审计的主要作用就失去了。

③监督更正行动计划的执行。监督是非常重要的一个步骤，其目的是要保证更正行动计划的实施和使所有必要的更正行动受到关注。审计小组、内部环境专家以及管理部门都可以进行监督。

并不是所有的审计程序都必须包含每一个步骤，但是，一般来说，每个程序的设计都应考虑到上述活动的每个步骤。

第二章　水和废水监测

第一节　水质监测方案的制订及水样的处理

一、水质监测方案的制订

水质监测方案是一项监测任务的总体构思和设计，制订前应该首先明确监测目的，在实地调查研究的基础上，掌握污染物的来源、性质以及污染物的变化趋势，确定监测项目，设计监测网点，合理安排采样时间和采样频率，选定采样方法和监测分析方法，并提出检测报告要求，制定质量保证程序、措施和方案的实施细则，在时间和空间上确保监测任务的顺利实施。

（一）地表水水质监测

地表水系指地球表面的江、河、湖泊、水库水和海洋水。为了掌握水环境质量状况和水系中污染物浓度的动态变化及其变化规律，需要对全流域或部分流域的水质及向水流域中排污的污染源进行水质监测。世界上许多国家对地表水的水质特性指标采样、测定等过程均有具体的规范化要求，这样可保证监测数据的可比性和有效性。

（二）饮用水源地水质监测

生活饮用水水源主要有地表水水源和地下水水源。饮用水源地一经确立，就要设立相应的饮用水源保护区。生活饮用水源保护区是指为保证生活饮用水的水质达到国家标准，依照有关规定，在生活饮用水源周围划定的须特别保护的区域。

为更科学地实施生活饮用水源地保护，世界上许多国家对地表水的水质特性指标采样、测定等过程均有具体的规范化要求，保证监测数据的可比性和有效性。生活饮用水水源质量必须随时保证安全，应建立连续、可靠的水质监测和水质安全保障系统。条件许可时，还应逐步建立起饮用水源保护区水质监测、自来水厂水质监测和饮用水管网水质自动监测联网的饮用水质安全监测网络。

（三）水污染源水质监测方案的制订

水污染源指工业废水源、生活污水源等。工业废水包括生产工艺过程用水、机械设备用水、设备与场地洗涤水、烟气洗涤水、工艺冷却水等；生活污水则指人类生活过程中产生的污水，包括住宅、商业、机关、学校和医院等场所排放的生活和卫生清洁等污水。

在制订水污染源监测方案时，同样需要进行资料收集和现场调查研究，了解各污染源排放部门或企业的用水量、产生废水和污水的类型（化学污染废水、生物和生物化学污染废水等）、主要污染物及其排水去向（江、河、湖等水体）和排放总量，调查相应的排污口位置和数量、废水处理情况。

对于工业企业，应事先了解工厂性质、产品和原材料、工艺流程、物料衡算、下水管道的布局、排水规律以及废水中污染物的时间、空间及数量变化等。

对于生活污水，应调查该区域范围内的人口数量及其分布情况、排污单位的性质、用水来源、排污水量及其排污去向等。

1. 采样点的布设原则

①第一类污染物的采样点设在车间或车间处理设施排放口；第二类污染物的采样点则设在单位的总排放口。

②工业企业内部监测时，废水的采样点布设与生产工艺有关，通常选择在工厂的总排放口、车间或工段的排放口以及有关工序或设备的排水点。

③为考察废水或污水处理设备的处理效果，应对该设备的进水、出水同时取样。如为了解处理厂的总处理效果，则应分别采集总进水和总出水的水样。

④在接纳废水入口后的排水管道或渠道中，采样点应布设在离废水（或支管）入口20～30倍管径的下游处，以保证两股水流的充分混合。

⑤生活污水的采样点一般布设在污水总排放口或污水处理厂的排放口处。对医院产生的污水在排放前还要求进行必要的预处理，达标后方可排放。

2. 采样时间和频次

不同类型的废水或污水的性质和排放特点各不相同，无论是工业废水，还是生活污水的水质都随着时间的变化而不停地发生着改变。因此，废水或污水的采样时间和频次应能反映污染物排放的变化特征而具有较好的代表性。一般情况下，采集时间和采样频次由其生产工艺特点或生产周期所决定。行业不同，生产周期不同；即使行业相同，但采用的生产工艺也可能不同，生产周期仍会不同，可见确定采样时间和频次是比较复杂的问题。我国对排放废水或污水的采样时间和频次均提出了明确的要求，归纳如下：

①水质比较稳定的废水（污水）的采样按生产周期确定监测频率，生产周期在 8 h 以内的，每 2 h 采样一次；生产周期大于 8 h 的，每 4 h 采集一次；其他污水采集，24 h 不少于 2 次。最高允许排放浓度按日平均值计算。

②废水污染物浓度和废水流量应同步监测，并尽可能实现同步的连续在线监测。

③不能实现连续监测的排污单位，采样及检测时间、频次应视生产周期和排污规律而定。在实施监测前，增加监测频次（如每个生产周期采集 20 个以上的水样），进行采样时间和最佳采样频次的确定。

④总量监测使用的自动在线监测仪，应由环境保护主管部门确认的、具有相应资质的环境监测仪器检测机构认可后方可使用，但必须对监测系统进行现场适应性检测。

⑤对重点污染源（日排水量 100 t 以上的企业）每年至少进行 4 次总量控制监督性监测（一般每个季度一次）；一般污染源（日排水量 100 t 以下的企业）每年进行 2～4 次（上、下半年各 1～2 次）监督性监测。

（四）水生生物监测

水、水生生物和底质组成了一个完整的水环境系统。在天然水域中，生存着大量的水生生物群落，各类水生生物之间以及水生生物与它们赖以生存的水环境之间有着非常密切的关系，既互相依存又互相制约。当饮用水水源受到污染而使其水质改变时，各种不同的水生生物由于对水环境的要求和适应能力不同而产生不同的反应，人们就可以根据水生生物的反应，对水体污染程度做出判断，这已成为饮用水水源保护区不可或缺的水质监测内容。实施饮用水水源地水质生物监测的程序与一般水质监测程序基本相同，在此不再重复。以下重点介绍生物监测采样点布设方法、采样频次和采样时间等。

1. 生物监测采样垂线（点）布设

在饮用水水源各级保护区布设生物监测采样垂线一般应遵循下列原则；

①根据各类水生生物的生长与分布特点，布设采样垂线（点）。

②在饮用水水源各级保护区交界处水域，应布设采样垂线（点），并与水质监测采样垂线尽可能一致。

③在湖泊（水库）的进出口、岸边水域、开阔水域、海湾水域、纳污水域等代表性水域，应布设采样垂线（点）。

④根据实地勘查或调查掌握的信息，确定各代表性水域采样垂线（点）布设的密度与数量。

对浮游生物、微生物进行监测时，采样点布设要求如下：

①当水深小于 3 m、水体混合均匀、透光可达到水底层时，在水面下 0.5 m 布设一个采样点。

②当水深为 3～10 m，水体混合较为均匀，透光不能达到水底层时，分别在水面下和底层上 0.5 m 处各布设一个采样点。

③当水深大于 10 m，在透光层或温跃层以上的水层，分别在水面下 0.5 m 和最大透光深度处布设一个采样点，另在水底上 0.5 m 处布设一个采样点。

④为了解和掌握水体中浮游生物、微生物的垂向分布，可每隔 1.0 m 水深布设一个采样点。

对底栖动物、着生生物和水生维管束植物监测时，在每条采样垂线上应设一个采样点。采集鱼样时，应按鱼的摄食和栖息特点，如肉食性、杂食性和草食性、表层和底层等在监测水域范围内采集。

2. 生物监测采样频次和采样时间

在我国各城市选用的饮用水水源不尽相同，对水源保护区采取的生物监测时间和频次会有差异，在此仅介绍一般性原则。

（1）采样频次

①生物群落监测周期为 3～5 年 1 次，在周期监测年度内，监测频次为每季度 1 次。

②水体卫生学项目（如细菌总数、总大肠菌群数、粪大肠菌群数和粪链球菌数等）与水质项目的监测频率相同。

③水体初级生产力监测每年不得少于 2 次。

④生物体污染物残留量监测每年 1 次。

（2）采样时间

①同一类群的生物样品采集时间（季节、月份）应尽量保持一致。浮游生物样品的采集时间以上午 8：00—10：00 为宜。

②除特殊情况之外，生物体污染物残留量测定的生物样品应在秋、冬季采集。

（五）底质（沉积物）监测

底质（Sediment），又称沉积物。它是由矿物、岩石、土壤的自然侵蚀产物，生物过程的产物，有机质的降解物，污水排出物和河床母质等所形成的混合物，随水流迁移而沉降积累在水体底部的堆积物质的统称。

水、水生生物和底质组成了一个完整的水环境体系。底质中蓄积了各种各样的污染物，能够记录特定水环境的污染历史，反映难以降解的污染物的累积情况。对于全面了解水环境的现状、水环境的污染历史、底质污染对水体的潜在危险，底质监测是水环境监测中不可忽视的重要环节。

1. 资料收集和调查研究

由于水体底部沉积物不断受到水流的搬迁作用，不同河流、河段的底质类型和性质差异很大。在布设采样断面和采样点之前，要重点收集饮用水水源保护区相关的文献资料，也要开展现场的实际探查或勘探工作，具体归纳如下：

①收集河床母质、河床特征、水文地质以及周围的植被等的相关材料，掌握沉积物的类型和性质。

②在饮用水水源各级保护区内随机布设探查点，探查底质的构成类型（泥质、砂或砾石）和分布情况，并选择有代表性的探查点，采集表层沉积物样品。

③在泥质沉积物水域内设置 1～2 个采样点，采集柱状样品。枯水期可以在河床内靠近岸边 30 m 左右处开挖剖面。通过现场测量和样品分析，了解沉积物垂直分布状况和水域的污染历史。

④将上述资料绘制成水体沉积物分布图，并标出水质采样断面。

2. 监测点的布设

（1）采样断面的布设

底质采样是指采集泥质沉积物。底质采样断面的布设原则与饮用水地表水水源保护区采样断面基本相同，并应尽可能取得一致。其基本原则如下：

①底质采样断面应尽可能与地表水水源保护区内的采样断面重合，便于将底质的组成及其物理化学性质与水质情况进行对比研究。

②所设采样断面处于砂砾、卵石或岩石区时，采样断面可根据所绘沉积物分布图，向下游偏移至泥质区；如果水质对照断面所处的位置是砂砾、卵石或岩石区，采样断面应向上游偏移至泥质区。

在此情况下，允许水质与沉积物的采样断面不重合。但是，必须保证所设断面能充分代表给定河段、水源保护区的水环境特征。

（2）采样点的布设

①底质采样点应尽可能与水质采样点位于同一垂线上。如遇有障碍物，可以适当偏移。若中心点为砂砾或卵石，可只设左、右两点；若左、右两点中有一点或两点都采不到泥质样品，可将采样点向岸边偏移，但必须是在洪、丰水期水面能淹没的地方。

②底质未受污染时，由于地质因素的原因，其中也会含有重金属，应在其不受或少受人类活动影响的清洁河段上布设背景值采样点。该背景值采样点应尽可能与水质背景值采

样点位于同一垂线上。在考虑不同水文期、不同年度和采样点数的情况下，小样本总数应保证在30个以上，大样本总数应保证在50个以上，以用于底质背景值的统计估算。

③底质采样点应避开河床冲刷、底质沉积不稳定及水草茂盛、表层底质易受搅动之处。

3. 底质柱状样品采集

由于柱状样品的采样工作困难大，人力、物力和时间的消耗多，所以要求所设的采样点数要少，但必须有代表性，并能反映当地水体污染历史和河床的背景情况。为此，在给定的水域中只设2～3个采样点即可。

4. 采样时间和频次

由于底质比较稳定，受水文、气象条件影响较小，一般每年枯水期采样一次，必要时可在丰水期增加采样一次，采样频次远低于水质监测。

（六）供水系统水质监测

供水系统水质监测应该包括自来水公司水质监测和给水管网中水质监测两部分。饮用水出厂水质好并不等于供水范围内的居民就能饮用上质量好的水。以往，人们仅把注意力集中在自来水出厂水的质量上，对给水管网系统中的水质变化问题重视不够。而随着城市的不断发展，城市供水管网不断增加，供水面积越来越大，仅依靠人工定时、定点对供水管网监测点采集水样再送实验室化验的管网水质监测的传统方式已显落后，应逐步建立一套符合国家标准的自动化、实时远程供水管网水质安全监测系统，与已经建立的、严格的水厂制水过程控制系统共同构成完善的、科学的供水水质安全保障体系。

1. 自来水公司水质监测

自来水公司涉及的水质监测主要是对供水原水、各功能性水处理段以及自来水厂出厂等取水点水质的监测，其一般要求为：在原水取水点，按照国家和地方颁布的饮用水原水标准，自来水公司应对原水进行每小时不少于一次的水质相关指标检验。原水一旦引入水厂，生物监测立即启动，即水厂在原水中专门养殖了一些对水质特别敏感的小鱼和乌龟，一发现生物受到影响，就立即启动快速检验、应急预案，停止在该水源地取原水，并调整供水布局。

当饮用水源保护区水质受到轻微污染时，应根据饮用水水源水质标准的要求，实施微污染水源水监测方案，简介如下：

①在取水口采样，按照取水口的每年丰、枯水期各采集水样。

②对水样进行质量全分析检验，并每月采样检验色度、浊度、细菌总数、大肠菌群数四项指标。

③一般性化学指标检测。对水源的一般性化学指标进行检测，如pH值、总硬度、铜、锌、阴离子合成洗涤剂、硫酸盐、氯化物、溶解性固体等，特别是铁和锰，它们是造成水色度和浊度的重要污染物。

④毒理学指标检测。对水源中的氟化物、硒、汞、镉、铬（六价）、铅、硝酸盐氮、苯并［a］芘等进行监测，对于有条件的水厂要进行氰化物、氯仿和DDT等的检测，以保障饮用水的安全。

2. 给水管网系统水质监测

随着城市的不断发展，城市供水管网不断增加，供水面积越来越大，引起给水管网系统中水质变化的原因也逐渐增多，归纳起来有：①在流经配水系统时，在管道中会发生复杂的物理、化学、生物作用而导致水质变化；②断裂管线造成的污染；③水在储水设备中停留时间太长，剩余消毒剂消耗殆尽，细菌滋生；④管道腐蚀和投加消毒剂后形成副产物等，使水的浊度升高。由此可以看出，监测给水管网的水质状况，提高供水水质的安全性是一个实际而又亟待解决的问题。

给水管网系统中的采样点通常应设在下列位置：

①每一个供水企业在接入管网时的节点处。

②污染物有可能进入管网的地方。

③特别选定的用户自来水龙头。在选择龙头时应考虑到与供水企业的距离、需水的程度、管网中不同部分所用的结构材料等因素。

随着城市高层建筑的不断增多，二次供水已成为城市供水的另一主要类型。由于高位水箱易遭受污染，不易清洗，卫生管理上又是薄弱环节，应增设二次供水采样点。采样时间保持与管网末梢水采样同期，每月至少采样一次，检测色度、浑浊度、细菌总数、大肠菌群数和余氯五项指标，一年两次对二次供水采样点水质进行全分析检测。

由于城市给水管网比较复杂、庞大，通过建立几个有限的监测点人工监测水质变化情况，想实时地、全面地了解整个管网各段的水质情况是非常困难的。可以利用先进的计算机和网络技术，建立监测水质的数学模型，使该模型不仅可以观察监测点处的水质情况，而且还可以根据这些点的有效数据，推测出管网其他各处的水质状况，跟踪给水管网的水质变化，从而评估出给水管网系统的水质状况。

二、水样的采集、保存和预处理

（一）水样及其相关样品采集

1. 采样前准备

地表水、地下水、废水和污水采样前，首先要根据监测内容和监测项目的具体要求，选择适合的采样器和盛水器，要求采样器具的材质化学性质稳定、容易清洗、瓶口易密封。其次，须确定采样总量（分析用量和备份用量）。

（1）采样器

采样器一般是比较简单的，只要将容器（如水桶、瓶子等）沉入要取样的河水或废水中，取出后将水样倒进合适的盛水器（贮样容器）中即可。

欲从一定深度的水中采样时，需要用专门的采样器。采样器是将一定容积的细口瓶套入金属框内，附于框底的铅、铁或石块等重物用来增加自重。瓶塞与一根带有标尺的细绳相连。当采样器沉入水中预定的深度时，将细绳提起，瓶塞开启，水即注入瓶中。一般不宜将水注满瓶，以防温度升高而将瓶塞挤出。管通至采样瓶中，瓶内空气由短玻璃管沿橡胶管排出。采集的水样因与空气隔绝，可用于水中溶解性气体的测定。

如果需要测定水中的溶解氧，则应采用双瓶采样器采集水样。当双瓶采样器沉入水中后，打开上部橡胶塞夹，水样进入小瓶（采样瓶）并将瓶内空气驱入大瓶，从连接大瓶短玻璃管的橡胶管排出，直到大瓶中充满水样，提出水面后迅速密封大瓶。

采集水样量大时，可用采样泵来抽取水样。一般要求在泵的吸水口包几层尼龙纱网以防止泥沙、碎片等杂物进入瓶中。测定痕量金属时，则宜选用塑料泵。也可用虹吸管来采集水样。

上述介绍的多是定点瞬时手工采样器。为了提高采样的代表性、可靠性和采样效率，目前国内外已开始采用自动采样设备，如自动水质采样器和无电源自动水质采样器，包括手摇泵采水器、直立式采水器和电动采水泵等，可根据实际需要选择使用。自动采样设备对于制备等时混合水样或连续比例混合水样，研究水质的动态变化以及一些地势特殊地区的采样具有十分明显的优势。

（2）盛水器

盛水器（水样瓶）一般由聚四氟乙烯、聚乙烯、石英玻璃和硼硅玻璃等材质制成。研究结果表明，材质的稳定性顺序为：聚四氟乙烯>聚乙烯>石英玻璃>硼硅玻璃。通常，塑料容器（P-Plastic）常用作测定金属、放射性元素和其他无机物的水样容器；玻璃容器（G-Glass）常用作测定有机物和生物类等的水样容器。每个监测指标对水样容器的要求不尽相同。

对于有些监测项目，如油类项目，盛水器往往作为采样容器。因此，采样器和盛水器的材质要视检测项目统一考虑。应尽力避免下列问题的发生：①水样中的某些成分与容器材料发生反应；②容器材料可能引起对水样的某种污染；③某些被测物可能被吸附在容器内壁上。

保持容器的清洁也是十分重要的。使用前，必须对容器进行充分、仔细的清洗。一般来说，测定有机物质时宜用硬质玻璃瓶，而被测物是痕量金属或是玻璃的主要成分，如钠、钾、硼、硅等时，就应该选用塑料盛水器。已有资料报道，玻璃中也可溶出铁、锌和铅；聚乙烯中可溶出锂和铜。

（3）采样量

采样量应满足分析的需要，并应考虑重复测试所需的水样用量和留作备份测试的水样用量。如果被测物的浓度很低而需要预先浓缩时，采样量就应增加。

每个分析方法一般都会对相应监测项目的用水体积提出明确要求，但有些监测项目对采样或分样过程也有特殊要求，需要特别指出：

①当水样应避免与空气接触时，采样器和盛水器都应完全充满，不留气泡空间。

②当水样在分析前需要摇荡均匀时（如测定油类或不溶解物质），则不应充满盛水器，装瓶时应使容器留有 1/10 顶空，保证水样不外溢。

③当被测物的浓度很低而且是以不连续的物质形态存在时（如不溶解物质、细菌、藻类等），应从统计学的角度考虑单位体积里可能的质点数目而确定最小采样量。假如，水中所含的某种质点为 10 个/L，但每 100 毫升水样里所含的却不一定都是 1 个，有的可能含有 2 个、3 个，而有的一个也没有。采样量越大，所含质点数目的变率就越小。

④将采集的水样总体积分装于几个盛水器内时，应考虑到各盛水器水样之间的均匀性和稳定性。

水样采集后，应立即在盛水器（水样瓶）上贴上标签，填写好水样采样记录，包括水样采样地点、日期、时间、水样类型、水体外观、水位情况和气象条件等。

2. 地表水采样方法

地表水水样采样时，通常采集瞬时水样；遇有重要支流的河段，有时需要采集综合水样或平均比例混合水样。

地表水表层水的采集，可用适当的容器如水桶等。在湖泊、水库等处采集一定深度的水样，可用直立式或有机玻璃采样器，并借助船只、桥梁、索道或涉水等方式进行水样采集。

（1）船只采样

按照监测计划预定的采样时间、采样地点，将船只停在采样点下游方向，逆流采样，以避免船体搅动起沉积物而污染水样。

（2）桥梁采样

确定采样断面时应考虑尽量利用现有的桥梁采样。在桥上采样安全、方便，不受天气和洪水等气候条件的影响，适于频繁采样，并能在空间上准确控制采样点的位置。

（3）索道采样

适用于地形复杂、险要、地处偏僻的小河流的水样采样。

（4）涉水采样

适用于较浅的小河流和靠近岸边水浅的采样点。采样时，采样人应站在下游，向上游方向采集水样，以避免涉水时搅动水下沉积物而污染水样。

采样时，应注意避开水面上的漂浮物混入采样器；正式采样前要用水样冲洗采样器2～3次，洗涤废水不能直接回倒入水体中，以避免搅起水中悬浮物；对于具有一定深度的河流等水体采样时，使用深水采样器，慢慢放入水中采样，并严格控制好采样深度。测定油类指标的水样采样时，要避开水面上的浮油，在水面下5～10 cm处采集水样。

3. 地下水采样方法

地下水可分为上层滞水、潜水和承压水。上层滞水的水质与地表水的水质基本相同；潜水层通过包气带直接与大气圈、水圈相通，因此其具有季节性变化的特点；而承压水地质条件不同于潜水，其受水文、气象因素直接影响小，含水层的厚度不受季节变化的支配，水质不易受人为活动污染。

（1）采样器

地下水水质采样器分为自动式与人工式，自动式用电动泵进行采样，人工式分活塞式与隔膜式，可按要求选用。采样器在测井中应能准确定位，并能取到足够量的代表性水样。

（2）采样方法

实施饮用水地下水源采样时，要求做到以下四点：

①开始采集水样前，应将井中的已有静止地下水抽干，以保证所采集的地下水新鲜。

②采样时采样器放下与提升时动作要轻，避免搅动井水及底部沉积物。

③用机井泵采样时，应待管道中的积水排净后再采样。

④自流地下水样品应在水流流出处或水流汇集处采集。

值得注意的是，从一个监测井采得的水样只能代表一个含水层的水平向或垂直向的局部情况，而不能像对地表水那样可以在水系的任何一点采样。

另外，采集水样还应考虑到靠近井壁的水的组成几乎不能代表该采样区的全部地下水水质，因为靠近井的地方可能有钻井污染，以及某些重要的环境条件，如氧化还原电位，在近井处与地下水承载物质的周围有很大的不同。所以，采样前须抽取适量样本。

对于自喷的泉水，可在泉涌处直接采集水样；采集不自喷泉水时，先将积留在抽水管的水吸出，新水更替之后，再进行采样。

专用的地下水水质监测井，井口比较窄（5～10 cm），但井管深度视监测要求不等（1～20 m），采集水样常利用抽水设备或虹吸管采样方式。通常应提前数日将监测井中积留的陈旧水抽出，待新水重新补充入监测井管后再采集水样。

4. 生物样品采样方法

在天然水域中，生存着大量的水生生物群落，当饮用水源水质改变时，各种不同的水生生物由于对水环境的要求和适应能力不同也会发生变化。针对饮用水及其水源地的水质生物监测内容很多，采样方法也有较大不同，下面进行简要介绍。

（1）浮游生物采样方法

浮游生物样品包括定性样品采集和定量样品采集，采样方法分为以下两种：

①定性样品采集。采用25号浮游生物网（网孔0.064 mm）或PFU（聚氨酯泡沫塑料块）法；枝角类和桡足类等浮游动物采用13号浮游生物网（网孔0.112 mm），在表层拖滤1～3 min。

②定量样品采集。在静水和缓慢流动水体中采用玻璃采样器或改良式采样器（如有机玻璃采样器）采集；在流速较大的河流中，采用横式采样器，并与铅鱼配合使用，采水量为1～2L，若浮游生物量很低时，应酌情增加采水量。

浮游生物样品采集后，除进行活体观测外，一般按水样体积加1%的鲁哥氏(Lugol′s)溶液（碘液）固定，静置沉淀后，倾去上层清水，将样品装入样品瓶中。

（2）着生生物采样方法

着生生物采样方法可分为天然基质法和人工基质法，具体采样方法如下：

①天然基质法。利用一定的采样工具，采集生长在水中的天然石块、木桩等天然基质上的着生生物。

②人工基质法。将玻片、硅藻计和PFU等人工基质放置于一定水层中，时间不得少于14天，然后取出人工基质，采集基质上的着生生物。

用天然基质法和人工基质法采集样品时，应准确测量采样基质的面积。采集的着生生物样品，除进行活体观测外，其余方法同浮游生物一样，按水样体积加1%的鲁哥氏（Lugol´s）溶液（碘液）固定，静置沉淀后，倾去上层清水，将样品装入样品瓶中。

（3）底栖大型无脊椎动物采样方法

底栖大型无脊椎动物采样也包括定性样品采集和定量样品采集，采样方法如下：

①定性样品。用三角拖网在水底拖拉一段距离，或用手抄网在岸边与浅水处采集。以40目分样筛挑出底栖动物样品。

②定量样品。可用开口面积一定的采泥器采集，如彼得逊采泥器（采样面积为1/16 m^2）或用铁丝编织的直径为18 cm、高为20 cm的圆柱形铁丝笼，笼网孔径为（5+1）cm^2，底部铺40目尼龙筛绢，内装规格尽量一致的卵石，将笼置于采样垂线的水底中，14天后取出。从底泥中和卵石上挑出底栖动物。

（4）水生维管束植物采样方法

水生维管束植物样品的采集也包括定性样品采集和定量样品采集，采样方法如下：

①定性样品。用水草采集夹、采样网和耙子采集。

②定量样品。用面积为0.25 m^2、网孔3.3 cm×3.3 cm的水草定量夹采集。采集样品后，去掉泥土、黏附的水生动物等，按类别晾干、存放。

（5）鱼类样品采样方法

鱼类样品采用渔具捕捞。采集后应尽快进行种类鉴定，残毒分析样品应尽快取样分析，或冷冻保存。

（6）微生物样品采样方法

采样用玻璃样品瓶在160～170 ℃烘箱中灭菌或121 ℃高压蒸汽灭菌锅中灭菌5 min；塑料样品瓶用0.5%的过氧乙酸灭菌备用。

5. 饮用水供水系统采样方法

（1）自来水公司水样采样方法

自来水公司涉及的水质监测主要是对供水原水、各功能性水处理段以及自来水厂出厂水等取水点水质的监测。应根据饮用水水源（原水）性质和饮用水制水工艺选择相应的采样方法。

如利用自动采样器或连续自动定时采样器采集。可在一个生产周期内，按时间程序将一定量的水样分别采集在不同的容器中；自动混合采样时，采样器可定时连续地将一定量的水样或按流量比采集的水样汇集于一个容器中。

（2）给水管网系统水样采样方法

给水管网是封闭管道，采样时采样器探头或采样管应妥善地放在进水下游，采样管不能靠近管壁。湍流部位，例如在“T”形管、弯头、阀门的后部，可充分混合，一般作为最佳采样点，但是等动力采样（等速采样）除外。

给水管网系统中采样点常设在：①每一个供水企业在接入管网时的节点处；②污染物有可能进入管网处；③管网末梢处。这些地方是特别要注意的采样位置，最好在这些部位安设水质自动监测系统，这样一来，采样的难度也就不存在了。

管网末梢处，即在用户终端采集自来水水样时，应先将水龙头完全打开，放水 3～5 min，使积留在水管中的陈旧水排出，再采集水样。

6. *废水/污水采样方法*

工业废水和生活污水的采样种类和采样方法取决于生产工艺、排污规律和检测目的，采样涉及采样时间、地点和采样频次。由于工业废水大多是流量和浓度都随时间变化的非稳态流体，可根据能反映其变化并具有代表性的采样要求，采集合适的水样（瞬时水样、等时混合水样、等时综合水样、等比例混合水样和流萤比例混合水样等）。

对于生产工艺连续、稳定的企业，所排放废水中的污染物浓度及排放流量变化不大，仅采集瞬时水样就具有较好的代表性；对于排放废水中污染物浓度及排放流量随时间变化无规律的情况，可采集等时混合水样、等比例混合水样或流量比例混合水样，以保证采集的水样的代表性。

废水和污水的采样方法如下：

（1）浅水采样

当废水以水渠形式排放到公共水域时，应设适当的堰，可用容器或用长柄采水勺从堰溢流中直接采样。在排污管道或渠道中采样时，应在具有液体流动的部位采集水样。

（2）深层水采样

适用于废水或污水处理池中的水样采集，可使用专用的深层采样器采集。

（3）自动采样

利用自动采样器或连续自动定时采样器采集。可在一个生产周期内，按时间程序将一定量的水样分别采集在不同的容器中；自动混合采样时采样器可定时连续地将一定量的水样或按流量比采集的水样汇集于一个容器中。

自动采样对于制备混合水样（尤其是连续比例混合水样）、研究水质的连续动态变化以及在一些难以抵达的地区采样等都是十分有用且有效的。

7. *底质样品的采样方法*

底质（沉积物）采样器一般通用的是掘式采泥器，可按产品说明书提示的方法使用。掘式和抓式采泥器适用于采集量较大的沉积物样品；锥式或钻式采泥器适用于采集较少的沉积物样品；管式采泥器适用于采集柱状样品。如水深小于 3 m，可将竹竿粗的一端削成尖头斜面，插入河床底部采样。

底质采样器一般要求用强度高、耐磨性能较好的钢材制成，使用前应除去油脂并洗净，具体要求如下：

①采样器使用前必须先用洗涤剂除去防锈油脂。采样时先将采样器放在水面上冲刷3～5 min，然后采样。采样完毕必须洗净采样器，晾干待用。

②采样时如遇到水流速度较大，可将采样器用铅坠加重，以保证能在采样点的准确位置上采样。

③用白色塑料盘（桶）和小勺接样。

④沉积物接入盘中后，挑去卵石、树枝、贝壳等杂物，搅拌均匀后装入瓶或袋中。

对于采集的柱状沉积物样品，为了分析各层柱状样品的化学组成和化学形态，要制备分层样品。首先用木片或塑料铲刮去柱样的表层，然后确定分层间隔，分层切割制样。

（二）水样的保存

水样采集后，应尽快进行分析测定。能在现场做的监测项目要求在现场测定，如水中的溶解氧、温度、电导率、pH 值等。但由于各种条件所限（如仪器、场地等），往往只有少数测定项目可在现场测定，大多数项目仍须送往实验室进行测定。有时因人力、时间不足，还须在实验室内存放一段时间后才能分析。因此，从采样到分析的这段时间里，水样的保存技术就显得至关重要。

有些监测项目的水样在采样现场采取一些简单的保护性措施后，能够保存一段时间。水样允许保存的时间与水样的性质、分析指标、溶液的酸碱度、保存容器和存放温度等多种因素有关。

不同水样允许的存放时间也有所不同。一般认为，水样的最大存放时间为：清洁水样72 h；轻污染水样 48 h；重污染水样 12 h。

采取适当的保护措施，虽然能够降低待测成分的变化程度或减缓变化的速度，但并不能完全抑制这种变化。水样保存的基本要求只能是应尽量减少其中各种待测组分的变化，要求做到：①减缓水样的生物化学作用；②减缓化合物或络合物的氧化还原作用；③减少被测组分的挥发损失；④避免沉淀、吸附或结晶物析出所引起的组分变化。

水样主要的保护性措施有以下四种：

1. 选择合适的保存容器

不同材质的容器对水样的影响不同，一般可能存在吸附待测组分或自身杂质溶出污染水样的情况，因此应该选择性质稳定、杂质含量低的容器。一般常规监测中，常使用聚乙烯和硼硅玻璃材质的容器。

2. 冷藏或冷冻

水样在低温下保存，能抑制微生物的活动，减缓物理作用和化学反应速度。如将水样保存在-22～-18 ℃的冷冻条件下，会显著提高水样中磷、氮、硅化合物以及生化需氧量等监测项目的稳定性。而且，这类保存方法对后续分析测定无影响。

3. 加入保存药剂

在水样中加入合适的保存试剂，能够抑制微生物活动，减缓氧化还原反应发生。加入的方法可以是在采样后立即加入，也可以在水样分样时根据需要分瓶分别加入。

不同的水样、同一水样的不同监测项目要求使用的保存药剂不同。保存药剂主要有生物抑制剂、pH 值调节剂、氧化或还原剂等类型，具体的作用如下：

①生物抑制剂。在水样中加入适量的生物抑制剂可以阻止生物作用。常用的试剂有氯化汞（$HgCl_2$），加入量为每升水样 20～60 mg；对于需要测汞的水样，可加入苯或三氯甲烷，每升水样加 0.1～1.0 mL；对于测定苯酚的水样，用 H_3PO_4 调水样的 pH 值为 4 时，加入 $CuSO_4$ 可抑制苯酚菌的分解活动。

②pH 值调节剂。加入酸或碱调节水样的 pH 值，可以使一些处于不稳定态的待测组分转变成稳定态。例如，测定水样中的金属离子，常加酸调节水样 pH≤2，达到防止金属离子水解沉淀或被容器壁吸附的目的；测定氰化物或挥发酚的水样，需要加入 NaOH 调节其 pH≥12，使两者分别生成稳定的钠盐或酚盐。

③氧化或还原剂。在水样中加入氧化剂或还原剂可以阻止或减缓某些组分发生氧化、还原反应。例如，在水样中加入抗坏血酸，可以防止硫化物被氧化；测定溶解氧的水样则需要加入少量硫酸锰和碘化钾-叠氮化钠试剂将溶解氧固定在水中。

对保存药剂的一般要求是有效、方便、经济，而且加入的任何试剂都不应给后续的分析测试工作带来影响。对于地表水和地下水，加入的保存试剂应该使用高纯品或分析纯试剂，最好用优级纯试剂。当添加试剂的作用相互有干扰时，建议采用分瓶采样、分别加入的方法保存水样。

4. 过滤和离心分离

水样浑浊也会影响分析结果。用适当孔径的滤器可以有效地除去藻类和细菌，滤后的样品稳定性提高。一般而言，可用澄清、离心、过滤等措施分离水样中的悬浮物。

国际上，通常将孔径为 0.45 μm 的滤膜作为分离可滤态与不可滤态的介质，将孔径为 0.2 μm 的滤膜作为除去细菌的介质。采用澄清后取上清液或用滤膜、中速定量滤纸、砂芯漏斗或离心等方式处理水样时，其阻留悬浮性颗粒物的能力大体为：滤膜>离心>滤纸>砂芯漏斗。

预测定可滤态组分，应在采样后立即用 0.45 μm 的滤膜过滤，暂时无 0.45μm 的滤膜时，含泥沙较多的水样可用离心方法分离；含有机物多的水样可用滤纸过滤；采用自然沉降取上清液测定可滤态物质是不妥当的。如果要测定全组分含量，则应在采样后立即加入保存药剂，分析测定时充分摇匀后再取样。

（三）水样预处理

1. 样品消解

在进行环境样品（水样、土壤样品、固体废物和大气采样时截留下来的颗粒物）中无机元素的测定时，需要对环境样品进行消解处理。消解处理的作用是破坏有机物、溶解颗粒物，并将各种价态的待测元素氧化成单一高价态或转换成易于分解的无机化合物。常用的消解方法有湿式消解法和干灰化法。

常用的消解氧化剂有单元酸体系、多元酸体系和碱分解体系，最常使用的单元酸为硝酸。采用多元酸的目的是提高消解温度、加快氧化速度和改善消解效果。在进行水样消解时，应根据水样的类型及采用的测定方法进行消解酸体系的选择。各消解酸体系的适用范围如下：

（1）硝酸消解法

对于较清洁的水样或经适当润湿的土壤等样品，可用硝酸消解。其方法要点是：取混匀的水样 50～200 mL 于锥形瓶中，加入 5～10 mL 浓硝酸，在电热板上加热煮沸缓慢蒸发至小体积，试液应清澈透明，呈浅色或无色，否则，应补加少许硝酸继续消解。消解至近干时，取下锥形瓶，稍冷却后加 2% HNO_3（或 HCl）20 mL，温热溶解可溶盐。若有沉淀，应过滤，滤液冷至室温后于 50 mL 容量瓶中定容，待分析测定。

（2）硝酸-硫酸消解法

硝酸-硫酸混合酸体系是最常用的消解组合，应用广泛。两种酸都具有很强的氧化能力，其中硫酸沸点高（338 ℃），两者联合使用，可大大提高消解温度箱消解效果。

常用的硝酸与硫酸的比例为 5∶2。一般消解时，先将硝酸加入待消解样品中，加热蒸发至小体积，稍冷后再加入硫酸、硝酸，继续加热蒸发至冒大量白烟，稍冷却后加入 2% 的 HNO_3 温热溶解可溶盐。若有沉淀，应过滤，滤液冷至室温后定容，待分析测定。

预测定水样中的铅、钡或锶等元素时，该体系不宜采用，因为这些元素易与硫酸反应生成难溶硫酸盐，可改选用硝酸-盐酸混合酸体系。

（3）硝酸-高氯酸消解法

两种酸都是强氧化性酸，联合使用可消解含难氧化有机物的环境样品，如高浓度有机废水、植物样和污泥样品等。其方法要点是：取适量水样或经适当润湿的处理好的土壤等样品于锥形瓶中，加 5～10 mL 硝酸，在电热板上加热、消解至大部分有机物被分解。取下锥形瓶，稍冷却，再加 2～5 mL 高氯酸，继续加热至开始冒白烟，如试液呈深色，再补加硝酸，继续加热至浓厚白烟将尽，取下锥形瓶，稍冷却后加入 2%的 HNO_3 溶解可溶盐。若有沉淀，应过滤，滤液冷至室温后定容，待分析测定。

因为高氯酸能与含羟基有机物激烈反应，有发生爆炸的危险，故应先加入硝酸氧化水样中的羟基有机物，稍冷后再加高氯酸处理。

（4）硝酸-氢氟酸消解法

氢氟酸能与液态或固态样品中的硅酸盐和硅胶态物质发生反应，形成四氟化硅而挥发分离，因此，该混合酸体系应用范围比较专一，选择性比较高。但需要指出的是，氢氟酸能与玻璃材质发生反应，消解时应使用聚四氟乙烯材质的烧杯等容器。

（5）多元消解法

为提高消解效果，在某些情况下（如处理测总铬的废水时），特别是样品基体比较复杂时，需要使用三元以上混合酸消解体系。通过多种酸的配合使用，克服单元酸或二元酸消解所起不到的作用。例如，在土壤或沉积物背景值调查时，常常需要进行全元素分析，这时采用 $HCL-HNO_3-HF-HClO_4$ 体系，消解效果比较理想。

（6）碱分解法

碱分解法适用于按上述酸消解法不易分解或会造成某些元素的挥发性损失的环境样品。其方法要点是：在各类环境样品中，加入氢氧化钠和过氧化氢溶液或者氨水和过氧化氢溶液，加热至缓慢沸腾消解至近干时，稍冷却后加入水或稀碱溶液，温热溶解可溶盐。若有沉淀，应过滤，滤液冷至室温后于 50 mL 容量瓶中定容，待分析测定。碱分解法的主要优点是溶样速度快，溶样完全，特别适用于元素全分析，但不适于制备需要测定汞、硒、铅、镉等易挥发元素的样品。

（7）干灰化法

干灰化法又称干式消解法或高温分解法，多用于固态样品如沉积物、底泥等底质以及土壤样品的消解。

其操作过程是：取适量水样于白瓷或石英蒸发皿中，于水浴上先蒸干，固体样品可直接放入坩埚中，然后将蒸发皿或坩埚移入马弗炉内，于 450～550 ℃灼烧到残渣呈灰白色，使有机物完全分解去除。取出蒸发皿，稍冷却后，用适量 2%的 HNO_3（或 HCl）溶解样品灰分，过滤后滤液经定容后，待分析测定。该法能有效分析样品中的有机物，消解完全，但不适用于挥发性组分的分析。

（8）微波消解法

微波消解是结合高压消解和微波快速加热的一项消解技术，以待测样品和消解酸的混合物为发热体，从样品内部对样品进行激烈搅拌、充分混合和加热，加快了样品的分解速度，缩短了消解时间，提高了消解效率。在微波消解过程中，样品处于密闭容器中，也避免了待测元素的损失和可能造成的污染。该方法早期主要用于土壤、沉积物、污泥等复杂基体样品，发展至今，其用途已扩展到水和废水样品。国标上将整个消解步骤分成了三步：第一步，先取 25 mL 水样于消解罐中，加入 1.0 mL 过氧化氢及适量硝酸，置于通风橱中待反应平稳后加盖旋紧；第二步，将消解罐放在微波消解仪中按升温程序 10 min 升温至 180 ℃并保持 15 min；程序运行完毕后，将消解罐置于通风橱内冷却至室温，放气开盖，转移定容待测。

商品化的微波消解装置已经开始普及，但由于环境样品基体的复杂性不同及其与传统消解手段的差异，在确定微波消解方案时，应对所选消解试剂、消解功率和消解时间进行条件优化。

2. **样品分离与富集**

在水质分析中，由于水样中的成分复杂，干扰因素多，而待测物的含量大多处于痕量水平（10^{-6}或10^{-9}），常低于分析方法的检出下限，因此在测定前必须进行水样中待测组分的分离与富集，以排除分析过程中的干扰，提高待测物浓度，满足分析方法检出限的要求。为了选择与评价分离、富集技术，常涉及下面两个概念：

富集倍数的大小依赖于样品中待测痕量组分的浓度和所采用的测试技术。若采用高效、高选择性的富集技术，高于10^5的富集倍数是可以实现的。随着现代仪器技术的发展，仪器检测下限不断降低，富集倍数提高的压力相对减轻，因此富集倍数为10^2～10^3、就能满足痕量分析的要求。

当欲分离组分在分离富集过程中没有明显损失时，适当地采用多级分离方法可有效提高富集倍数。

常用于环境样品分离与富集的方法有过滤、挥发、蒸馏、溶剂萃取、离子交换、吸附和低温浓缩等，比较先进的方法有固相萃取、微波萃取和超临界流体萃取等技术。一些和仪器分析联用的在线富集技术也得到了快速发展，如吹扫捕集、热脱附、固相微萃取等，下面将分别做简要介绍。

（1）挥发和蒸发浓缩法

挥发法是将易挥发组分从液态或固态样品中转移到气相的过程，包括蒸发、蒸馏、升华等多种方式。一般而言，在一定温度和压力下，当待测组分或基体中某一组分的挥发性和蒸气压足够大，而另一种小到可以忽略时，就可以进行选择性挥发，达到定量分离的目的。

物质的挥发性与其分子结构有关，即与分子中原子间的化学键有关。挥发效果则依赖于样品量大小、挥发温度、挥发时间以及痕量组分与基体的相对含量。样品量的大小将直接影响挥发时间和完全程度。汞是唯一在常温下具有显著蒸气压的金属元素，冷原子荧光测汞仪就是利用汞的这一特性进行液体样品中汞含量的测定的。

利用外加热源进行样品的待测组分或基体的加速挥发过程称为蒸发浓缩。如加热水样，使水分慢慢蒸发，可以达到大幅度浓缩水样中重金属元素的目的。为了提高浓缩效率，缩短蒸发时间，常常可以借助惰性气体的参与实现欲挥发组分的快速分离。

（2）蒸馏浓缩法

蒸馏是基于气—液平衡原理实现组分分离的，具体来讲就是利用各组分的沸点及其蒸气压大小的不同实现分离的目的。在水溶液中，不同组分的沸点不尽相同。当加热时，较易挥发的组分富集在蒸气相，对蒸气相进行冷凝或吸收时，挥发性组分在馏出液或吸收液中得到富集。

蒸馏主要有常压蒸馏和减压蒸馏两类。

常压蒸馏适合于沸点在40～150 ℃之间的化合物的分离，测定水样中的挥发酚、氰化物和氨氮等监测项目时，均采用的是常压蒸馏方法。

减压蒸馏适合于沸点高于150 ℃（常压下）或沸点虽低于此温度但在蒸馏过程中极易分解的化合物的分离。减压蒸馏装置除减压系统外与常压蒸馏装置基本相同，但所用的减压蒸馏瓶和接受瓶要求必须耐压。整个系统的接口必须严密不漏。克莱森（Claisen）蒸馏头常用于防爆沸和消泡沫，其通过一根开口毛细管调节气流向蒸馏液内不断充气以击碎泡沫并抑制爆沸。减压蒸馏方法在水中痕量农药、植物生长调节剂等有机物的分离富集中应用十分广泛，也是液—液萃取溶液的高倍浓缩的有效手段。

（3）固相萃取技术

固相萃取技术（Solid-Phase Extraction，SPE）自20世纪70年代后期问世以来，由于其高效、可靠及耗用溶剂量少等优点，在环境等许多领域得到了快速发展。在国外，其已逐渐取代传统的液—液萃取而成为样品预处理的可靠而有效的方法。

SPE技术基于液相色谱的原理，可近似看作一个简单的色谱过程。吸附剂作为固定相，而流动相是萃取过程中的水样。当流动相与固定相接触时，其中的某些痕量物质（目标物）就保留在固定相中。这时，如果用少量的选择性溶剂洗脱，即可得到富集和纯化的目标物。

典型的SPE一般分为五个步骤：①根据欲富集的水样量及保留目标物的性质确定吸附

剂类型及用量；②对选取的柱子进行条件化，即通过适当的溶剂进行活化，再通过去离子水进行条件化；③水样通过；④对柱子进行样品纯化，即洗脱某些非目标物，这时所选用的溶剂主要与非目标物的性质有关；⑤用 1～5 mL 的洗脱剂对吸附柱进行洗脱，收集洗脱液即可用于后续分析。

影响 SPE 处理效率的因素有很多，如吸附剂类型及用量、洗脱剂性质、样品体积及组分、流速等，其中的关键因素是吸附剂和洗脱剂。根据吸附机理的不同，固相萃取吸附剂主要分为正相、反相、离子交换和抗体键合等类型。

一般而言，应根据水中待测组分的性质选择适合的吸附剂。水溶性或极性化合物通常选用极性的吸附剂，而非极性的组分则选择非极性的吸附剂更为合适；对于可电离的酸性或碱性化合物则适合选择离子交换型吸附剂。例如，欲富集水中的杀虫剂或药物，通常均选择键合硅胶 C_{18} 吸附剂，杀虫剂或药物被稳定地吸附于键合硅胶表面，当用小体积甲醇或乙腈等有机溶剂解吸后，目标物被高倍富集。

吸附剂的用量与目标物性质（极性、挥发性）及其在水样中的浓度直接相关。通常，增加吸附剂用量可以增加对目标物的吸附容量，可通过绘制吸附曲线来确定吸附剂的合适用量。

（4）在线预处理技术

环境样品具有基体组分复杂、待测物浓度低、干扰物多等特点，通常都要经过复杂的前处理后才能进行分析测定。传统的人工预处理操作步骤多、处理周期长、试剂使用量大，较易产生系统与人为误差。仪器分析领域在线预处理技术发展迅速。这就意味着，样品中的污染物可以通过在线的预处理装置直接达到去除干扰物质和浓缩富集的目的，预处理进样在线连续完成，既节省了大量的前处理时间和精力，又可以达到仪器分析的灵敏度要求，应用日益广泛。目前比较成熟的有顶空分析、吹扫捕集、热脱附及固相微萃取等技术。

顶空分析（Head Space）是通过样品基质上方的气体成分来测定这些组分在原样品中的含量。这是一种间接分析方法，其基本理论依据是在一定条件下气相和样品相（液相和固相）之间存在着分配平衡，所以气相的组成能反映样品中挥发性物质的组成。对于复杂样品中易挥发组分的分析顶空进样大大简化了样品预处理过程，只取气相部分进行分析，避免了高沸点组分污染色谱系统，同时减少了样品基质对分析的干扰。顶空分析有直接进样、平衡加压、加压定容等多种进样模式，可以通过优化操作参数而适合于多种环境样品的分析。如土壤、污泥和水中易挥发物的分析，水中三氯甲烷、四氯化碳、三氯乙烯、四氯乙烯、三溴甲烷等挥发性有机物，也可以用顶空进样技术进行监测分析。

吹扫捕集技术（Purge Trap）与顶空技术类似，是用氮气、氦气或其他惰性气体将挥发性及半挥发性被测物从样品中抽提出来，但吹扫捕集技术需要让气体连续通过样品，将其中的易挥发组分从样品中吹脱后在吸附剂或冷阱中捕集浓缩，然后经热解吸将样品送入气相色谱或气质联用仪进行分析。吹扫捕集是一种非平衡态的连续萃取，因此又被称为“动态顶空浓缩法”。影响吹扫效率的因素主要有吹扫温度、样品的溶解度、吹扫气的流速及流量、捕集效率和解吸温度及时间等。吹扫捕集法在挥发性和半挥发性有机化合物分析、有机金属化合物的形态分析中起着越来越重要的作用，环境监测中常用吹扫捕集技术分析饮用水或废水中的嗅味物质、易挥发有机污染物。吹扫捕集法对样品的前处理无须使用有机溶剂，对环境不造成二次污染，而且具有取样量少、富集效率高、受基体干扰小及容易实现在线检测等优点。相对于静态顶空技术，吹扫捕集灵敏度更高，平衡时间更短，且可分析沸点较高的组分。

固相微萃取（Solid Phase Microextraction，SPME）是以固相萃取为基础发展起来的新型样品前处理技术，无需有机溶剂，操作也很简便，既可在采样现场使用，也可以和色谱类仪器联用自动操作。SPME 的基本原理和实现过程与固相萃取类似，包括吸附和解吸两步。吸附过程中待测物在样品及萃取头外固定的聚合物涂层或液膜中平衡分配，遵循相似相溶原理，当单组分单相体系达到平衡时，涂层上富集的待测物的量与样品中的待测物浓度呈正相关关系。解吸过程则取决于 SPME 后续的分离手段或者分析仪器。如果连接气相色谱萃取纤维直接插入进样口后进行热解吸，而连接液相色谱则是通过溶剂进行洗脱。在环境样品分析中，SPME 有两种萃取方式：一种是将萃取纤维直接暴露在样品中的直接萃取法，适于分析气体样品和洁净水样中的有机化合物；另一种是将纤维暴露于样品顶空中的顶空萃取法，可用于废水、油脂、高分子量腐殖酸及固体样品中挥发性、半挥发性有机化合物的分析。

第二节　金属及非金属无机化合物的测定

一、金属污染物的测定

（一）铬的测定

铬存在于电镀、冶炼、制革、纺织、制药、炼油、化工等工业废水污染的水体中。富铬地区地表水径流中也含铬。自然形成的铬常以元素或三价状态存在，铬是人体必需的微量元素之一，金属铬对人体是无毒的，缺乏铬反而还可引起动脉粥样硬化，所以天然的铬给人体造成的危害并不大。铬是变价金属，污染的水中铬有三价、六价两种价态，一般认为六价铬的毒性比三价铬高约100倍，即使是六价铬，不同的化合物其毒性也不一样，三价铬也是如此。三价铬是一种蛋白质凝固剂。六价铬更易为人体吸收，对消化道和皮肤具刺激性，而且可在体内蓄积，产生致癌作用。铬抑制水体的自净，累积于鱼体内，也可导致水生生物死亡。用含铬的水灌溉农作物，铬可富集于果实中。

铬的测定可采用二苯碳酰二肼分光光度法、原子吸收分光光度法和硫酸亚铁铵滴定法。

1. 二苯碳酰二肼分光光度法测定六价铬

（1）方法原理

在酸性溶液中，六价铬与二苯碳酰二肼反应，生成紫红色化合物，其色度在测量范围内与含量成正比，于540 nm 波长处进行比色测定，利用标准曲线法求水样中铬的含量。

本方法适用于地面水和工业废水中六价铬的测定。方法的最低检出浓度为0.004 mg/L，使用光程为10 mm 比色皿，测定上限为1 mg/L。

（2）测定要点

①对于清洁水样可直接测定；对于色度不大的水样，可以用丙酮代替显色剂的空白水样做参比测定；对于浑浊、色度较深的水样，以氢氧化锌作其沉淀剂，调节溶液 pH 值为8～9，此时 Cr^{3+} 、Fe^{3+} 、Cu^{3+} 均形成氢氧化物沉淀，可被过滤除去，与水样中的 Cr(Ⅵ)分离；存在亚硫酸盐、二价铁等还原性物质和次氯酸盐等氧化物时，也应采取相应措施消除干扰。

②用优级纯 $K_2Cr_2O_7$ 配制格标准溶液，分别取不同的体积于比色管中，加水定容，加 H_2SO_4、H_3PO_4 控制 pH 值，加显色剂显色，以纯溶剂（丙酮）为参比分别测其吸光度，将测得的吸光度经空白校正后，绘制吸光度对六价铬含量的标准曲线。

③取适量清洁水样或经过预处理的水样，与标准系列同样操作，将测得的吸光度经空白校正后，从标准曲线上查得并计算原水样中六价铬含量。

2. 总铬的测定

三价铬不与二苯碳酰二肼反应，因此必须将三价铬氧化至六价铬后，才能显色。

在酸性溶液中，以 $KMnO_4$ 氧化水样中的三价铬为六价铬，过量 $KMnO_4$，用 $NaNO_2$ 分解，过量的 $NaNO_2$ 以 $CO(NH_2)_2$ 分解，然后调节溶液的 pH 值，加入显色剂显色，按测定六价铬的方法进行比色测定。

注意，$KMnO_4$ 氧化三价铬时，应加热煮沸一段时间，随时添加 $KMnO_4$ 使溶液保持红色，但不能过量太多。还原过量的 $KMnO_4$ 时，应先加尿素，后加 $NaNO_2$ 溶液。

3. **硫酸亚铁铵 [$Fe(NH_4)_2(SO_4)_2$] 滴定法**

本法适用于总铬浓度大于1mg/L的废水，其原理为在酸性介质中，以银盐作催化剂，用过硫酸铵将三价铬氧化成六价铬。加少量氯化钠并煮沸，除去过量的过硫酸铵和反应中产生的氯气。以苯基代邻氨基苯甲酸做指示剂，用硫酸亚铁铵标准溶液滴定，至溶液呈亮绿色。根据硫酸亚铁铵溶液的浓度和进行试剂空白校正后的用量，可计算出水样中总铬的含量。

（二）砷的测定

砷不溶于水，可溶于酸和王水中。砷的可溶性化合物都具有毒性，三价砷化合物比五价砷化合物毒性更强。砷在饮水中的最高允许浓度为0.05 mg/L，口服 As_2O_3（俗称砒霜）5～10 mg可造成急性中毒，致死量为60～200 mg。砷还有致癌作用，能引起皮肤病。

地面水中砷的污染主要来源于硬质合金、染料、涂料、皮革、玻璃脱色、制药、农药、防腐剂等工业废水，化学工业、矿业工业的副产品会含有气体砷化物。含砷废水进入水体中，一部分随悬浮物、铁锰胶体物沉积于水底沉积物中，另一部分存在于水中。

砷的监测方法有分光光度法、阳极溶出伏安法及原子吸收法等。新银盐分光光度法测定快速、灵敏度高，二乙氨基二硫代甲酸银是一经典方法。

1. **新银盐分光光度法**

（1）方法原理

硼氢化钾（ KBH_4 或 $NaBH_4$ ）在酸性溶液中，产生新生态的氢，将水中无机砷还原成砷化氢气体，以硝酸—硝酸银—聚乙烯醇—乙醇溶液为吸收液。砷化氢将吸收液中的银离子还原成单质胶态银，使溶液呈黄色，颜色强度与生成氢化物的量成正比。黄色溶液在400 nm处有最大吸收，峰形对称。颜色在2 h内无明显变化（20 ℃以下）。

取最大水样体积250 mL，本方法的检出限为0.0004 mg/L，测定上限为0.012 mg/L。方法适用于地表水和地下水痕量碑的测定。

（2）干扰及消除

本方法对砷的测定具有较好的选择性。但在反应中能生成与砷化氢类似氢化物的其他离子有正干扰，如锑、铋、锡等；能被氢还原的金属离子有负干扰，如镍、钴、铁等；常见离子不干扰。

2. **二乙氨基二硫代甲酸银分光光度法**

锌与酸作用，产生新生态氢。在碘化钾和氯化亚锡存在下，使五价砷还原为三价砷，三价砷被新生态氢还原成气态砷化氢。用二乙氨基二硫代甲酸银—三乙醇胺的三氯甲烷溶液吸收砷，生成红色胶体银，在波长 510 nm 处测其吸光度。空白校正后的吸光度用标准曲线法定量。

本方法可测定水和废水中的砷。

（三）镉的测定

镉是毒性较大的金属之一。镉在天然水中的含量通常小于 0.01 mg/L，低于饮用水的水质标准，天然海水中更低，因为镉主要在悬浮颗粒和底部沉积物中，水中镉的浓度很低、欲了解镉的污染情况，须对底泥进行测定。

镉污染不易分解和自然消化，在自然界中是累积的。废水中的可溶性镉被土壤吸收，形成土壤污染，土壤中可溶性镉又容易被植物所吸收，形成食物中镉量增加，人们食用这些食品后，镉也随之进入人体，分布到全身各器官，主要贮积在肝、肾、胰和甲状腺中，镉也随尿排出，但持续时间很长。

镉污染会产生协同作用，加剧其他污染物的毒性。实际上，单一的或纯净的含镉废水是少见的，所以呈现更大的毒性。我国规定，镉及其无机化合物，工厂最高允许排放浓度为 0.1 mg/L，并且不得用稀释的方法代替必要的处理。镉污染主要来源于以下三方面：

第一，金属矿的开采和冶炼，镉属于稀有金属，天然矿物中镉与锌、铅、铜等共存，因此在矿石的浮选、冶炼、精炼等过程中便排出含镉废水。

第二，化学工业中涤纶、涂料、塑料、试剂等工厂企业使用镉或镉制品做原料或催化剂的某些生产过程中产生含镉废水。

第三，生产轴承、弹簧、电光器械和金属制品等机械工业与电器、电镀、印染、农药、陶瓷、蓄电池、光电池、原子能工业部门废水中亦含有不同程度的镉。

测定镉的方法，主要有原子吸收分光光度法、双硫腙分光光度法、阳极溶出伏安法等。

1. 原子吸收分光光度法

原子吸收分光光度法，又称原子吸收光谱分析，简称原子吸收分析。它是根据某元素的基态原子对该元素的特征谱线的选择性吸收来进行测定的分析方法。镉的原子吸收分光光度法有直接吸入火焰原子吸收分光光度法、萃取火焰原子吸收分光光度法、离子交换火焰原子吸收分光光度法和石墨炉原子分光光度法。

（1）直接吸入火焰原子分光光度法

该方法测定速度快、干扰少，适于分析废水、地下水和地面水，一般仪器的适用浓度范围为 0.05～1.00 mg/L。

①方法原理。将试样直接吸入空气—乙炔火焰中，在 228. 8 nm 处测定吸光度。火焰中形成的原子蒸气对光产生吸收，将测得的样品吸光度和标准溶液的吸光度进行比较，确定样品中被测元素的含量。

②试样测量。首先将水样进行消解处理，然后按说明书启动、预热、调节仪器，使之处于工作状态。依次用 0. 2%的硝酸溶液将仪器调零，用标准系列分别进行喷雾，每个水样进行三次读数，三次读数的平均值作为该点的吸光度。以浓度为横坐标，吸光度为纵坐标绘制标准曲线。同样测定试样的吸光度，从标准曲线上查得水样中待测离子浓度，注意水样体积的换算。

（2）萃取火焰原子吸收分光光度法

本法适用于地下水和清洁地面水。分析生活污水和工业废水以及受污染的地面水时样品预先消解。一般仪器的适用浓度范围为 1～50 μg/L。

吡咯烷二硫代氨基甲酸铵-甲基异丁酮（APDC-MIBK）萃取程序是取一定体积预处理好的水样和一系列标准溶液，调 pH 值为 3，各加入 2 mL2%的 APDC 溶液摇匀，静置 1 min，加入 10 mL MIBK，萃取 1 min，静置分层弃去水相，用滤纸吸干分液漏斗颈内残留液。有机相置于 10 mL 具塞试管中，盖严。按直接测定条件点燃火焰以后，用 MIBK 喷雾，降低乙炔/空气比，使火焰颜色和水溶液喷雾时大致相同。用萃取标准系列中试剂空白的有机相将仪器调零，分别测定标准系列和样品的吸光度，利用标准曲线法求水样中的 Cd^{2+} 含量。

2. 双硫腙分光光度法

（1）方法原理

在强碱性溶液中，Cd^{2+} 与双硫腙生成红色配合物。用氯仿萃取分离后，于 518 nm 波长处进行比色测定。从而求出镉的含量。

（2）方法适用范围

各种金属离子的干扰均可用控制 pH 值和加入络合剂的方法除去。当有大量有机物污染时，须把水样消解后测定。本方法适用于受镉污染的天然水和废水中镉的测定，最低检出浓度为 0. 001 mg/L，测定上限为 0. 06 mg/L。

（四）铅的测定

铅的污染主要来自铅矿的开采，含铅金属冶炼，橡胶生产，含铅油漆颜料的生产和使用，蓄电池厂的熔铅和制粉，印刷业的铅版、铅字的浇铸，电缆及铅管的制造，陶瓷的配釉，铅质玻璃的配料以及焊锡等工业排放的废水。汽车尾气排出的铅随降水进入地面水中，亦造成铅的污染。

铅通过消化道进入人体后，即蓄积于骨髓、肝、肾、脾、大脑等处，形成所谓“贮存库”，以后慢慢从中放出，通过血液扩散到全身并进入骨骼，引起严重的累积性中毒。世界上地面水中，天然铅的平均值大约是 0.5 μg/L，地下水中铅的浓度在 1～60 μg/L，当铅浓度达到 0.1 mg/L 时，可抑制水体的自净作用。铅进入水体中与其他重金属一样，一部分被水生物浓集于体内，另一部分则随悬浮物絮凝沉淀于底质中，甚至在微生物的参与下可能转化为四甲基铅。铅不能被生物代谢所分解，在环境中属于持久性的污染物。

测定铅的方法有双硫腙分光光度法、原子吸收分光光度法、阳极溶出伏安法。

在 pH 值为 8.5～9.5 的氨性柠檬酸盐-氰化物的还原性介质中，铅与双硫腙形成可被三氯甲烷萃取的淡红色的双硫腙铅螯合物。

有机相可于最大吸收波长 510 nm 处测量，利用工作曲线法求得水样中铅的含量，本方法的线性范围为 0.01～0.3 mg/L。本方法适用于测定地表水和废水中痕量铅。

测定时，要特别注意器皿、试剂及去离子水是否含痕量铅，这是能否获得准确结果的关键。所用 KCN 毒性极大，在操作中一定要在碱性溶液中进行，严防接触手上破皮之处。Bi^{3+}、Sn^{2+} 等干扰测定，可预先在 pH 值为 2～3 时用双硫腙三氯甲烷溶液萃取分离。为防止双硫腙被一些氧化物质如 Fe^{3+} 等氧化，在氨性介质中加入了盐酸羟胺和亚硫酸钠。

（五）汞的测定

汞及其化合物属于剧毒物质，可在体内蓄积。进入水体的无机汞离子可转变为毒性更大的有机汞，由食物链进入人体，引起全身中毒。

天然水含汞极少，水中汞本底浓度一般不超过 0.1 mg/L。由于沉积作用，底泥中的汞含量会大一些，本底值的高低与环境地理地质条件有关。我国规定生活饮用水的含汞量不得高于 0.001 mg/L；工业废水中，汞的最高允许排放浓度为 0.05 mg/L，这是所有的排放标准中最严的。地面水汞污染的主要来源是重金属冶炼、食盐电解制碱、仪表制造、农药、军工、造纸、氯碱工业、电池生产、医院等工业排放的废水。

由于汞的毒性大、来源广泛，汞作为重要的测定项目为各国所重视，对其的研究较普遍，分析方法较多。化学分析方法有硫氰酸盐法、双硫腙法、EDTA 配位滴定法及沉淀重量法等。仪器分析方法有阳极溶出伏安法、气相色谱法、中子活化法、X 射线荧光光谱法、冷原子吸收法、冷原子荧光法、中子活化法等。其中冷原子吸收法、冷原子荧光法是测定水中微量、痕量汞的特异方法，其干扰因素少，灵敏度较高。双硫腙分光光度法是测定多种金属离子的适用方法，如能掩蔽干扰离子和严格掌握反应条件，也能得到满意的结果。

1. 冷原子吸收法

（1）方法原理

汞蒸气对波长为253.7 nm的紫外线有选择性吸收，在一定的浓度范围内，吸光度与汞浓度成正比。

水样中的汞化合物经酸性高锰酸钾热消解，转化为无机的二价汞离子，再经亚锡离子还原为单质汞，用载气或振荡使之挥发，该原子蒸气对来自汞灯的辐射，显示出选择性吸收作用，通过吸光度的测定，分析待测水样中汞的浓度。

（2）测定要点

①水样的预处理。取一定体积水样于锥形瓶中，加硫酸、硝酸和高锰酸钾溶液、过硫酸钾溶液，置沸水浴中使水样近沸状态下保温1 h，维持红色不褪，取下冷却。临近测定时滴加盐酸羟胺溶液，直至刚好使过剩的高锭酸钾褪色及二氧化锰全部溶解为止。

②标准曲线绘制。依照水样介质条件，用 $HgCl_2$ 配制系列汞标准溶液。分别吸取适量汞标准溶液于还原瓶内，加入氯化亚锡溶液，迅速通入载气，记录表头的指示值。以经过空白校正的各测量值（吸光度）为纵坐标，相应标准溶液的汞浓度为横坐标，绘制出标准曲线。

③水样测定。取适量处理好的水样于还原瓶中，与标准溶液进行同样的操作，测定其吸光度，扣除空白值从标准曲线上查得汞浓度，如果水样经过稀释，要换算成原水样中汞（Hg，μg/L）的含量。

（3）注意事项

①样品测定时，同时绘制标准曲线，以免因温度、灯源变化影响测定准确度。

②试剂空白应尽量低，最好不能检出。

③对汞含量高的试样，可采用降低仪器灵敏度或稀释办法满足测定要求，但以采用前者措施为宜。

2. 冷原子荧光法

它是在原子吸收法的基础上发展起来的，是一种发射光谱法。汞灯发射光束经过由水样中所含汞元素转化的汞蒸气云时，汞原子吸收特定共振波的能量，使其由基态激发到高能态，而当被激发的原子回到基态时，将发出荧光。通过测定荧光强度的大小，即可测出水样中汞的含量，这就是冷原子荧光法的基础。检测荧光强度的检测器要放置在和汞灯发射光束成直角的位置上。本方法最低检出浓度为0.05 μg/L，测定上限可达到1μg/L，且干扰因素少，适用于地面水、生活污水和工业废水的测定。

二、非金属无机化合物的测定

（一）pH 值的测定

天然水的 pH 值在 7.2～8 的范围内。当水体受到酸、碱污染后，引起水体 pH 值变化，对 pH 值的测量，可以估计哪些金属已水解沉淀，哪些金属还留在水中。水体的酸污染主要来自冶金、搪瓷、电镀、轧钢、金属加工等工业的酸洗工序和人造纤维、酸法造纸排出的废水，另一个来源是酸性矿山排水。碱污染主要来源于碱法造纸、化学纤维、制碱、制革、炼油等工业废水。

水体受到酸碱污染后，pH 值发生变化，在水体 pH<6.5 或 pH>8.5 时，水中微生物生长受到抑制，使得水体自净能力受到阻碍并腐蚀船舶和水中设施。酸对鱼类的鳃有不易恢复的腐蚀作用；碱会引起鱼鳃分泌物凝结，使鱼呼吸困难，不宜鱼类生存。长期受到酸、碱污染将导致人类生态系统的破坏。为了保护水体，我国规定河流水体的 pH 值应在 6.5～9。

测 pH 值的方法有玻璃电极法和比色法，其中玻璃电极法基本上不受溶液的颜色、浊度、胶体物质、氧化剂和还原剂以及高含盐量的干扰。但当 pH>10 时，产生较大的误差，使读数偏低，称为“钠差”。克服“钠差”的方法除了使用特制的“低钠差”电极外，还可以选用与被测溶液 pH 值相近的标准缓冲溶液对仪器进行校正。

1. 玻璃电极法

（1）玻璃电极法原理

以饱和甘汞电极为参比电极，玻璃电极为指示电极组成电池，在 25 ℃下，溶液中每变化 1 个 pH 单位，电位差就变化 59.9 mV，将电压表的刻度变为 pH 刻度，便可直接读出溶液的 pH 值，温度差异可以通过仪器上的补偿装置进行校正。

（2）所需仪器

各种型号的 pH 计及离子活度计、玻璃电极、甘汞电极。

（3）注意事项

①玻璃电极在使用前应浸泡激活。通常用邻苯二甲酸氢钾、磷酸二氢钾+磷酸氢二钠和四硼酸钠溶液依次校正仪器，这三种常用的标准缓冲溶液，目前市场上有售。

②本实验所用蒸馏水为二次蒸馏水，电导率小于 2 fio/cm，用前煮沸以排出 CO_2。

③pH 值是现场测定的项目，最好把电极插入水体直接测量。

2. 比色法

酸碱指示剂在其特定 pH 值范围的水溶液中产生不同颜色，向标准缓冲溶液中加入指示剂，将生成的颜色作为标准比色管，与加入同一种指示剂的水样显色管目视比色，可测出水样的 pH 值。本法适用于色度很低的天然水，饮用水等。如水样有色、浑浊或含较高的游离余氯、氧化剂、还原剂，均干扰测定。

（二）溶解氧的测定

溶解氧就是指溶解于水中分子状态的氧，即水中的 O_2，以 DO 表示。溶解氧是水生生物生存不可缺少的条件。溶解氧的一个来源是水中溶解氧未饱和时，大气中的氧气向水体渗入；另一个来源是水中植物通过光合作用释放出的氧。溶解氧随着温度、气压、盐分的变化而变化；一般来说，温度越高，溶解的盐分越大，水中的溶解氧越低；气压越高，水中的溶解氧越高。溶解氧除了被通常水中硫化物、亚硝酸根、亚铁离子等还原性物质所消耗外，也被水中微生物的呼吸作用以及水中有机物质被好氧微生物氧化分解所消耗。所以说，溶解氧是水体的资本，是水体自净能力的表示。

天然水中溶解氧近于饱和值（9 mg/L)，藻类繁殖旺盛时，溶解氧呈过饱和。水体受有机物及还原性物质污染可使溶解氧降低，当 DO 小于 4.5 mg/L 时，鱼类生活困难。当 DO 消耗速率大于氧气向水体中溶入的速率时，DO 可趋近于 0，厌氧菌得以繁殖使水体恶化。所以，溶解氧的大小，反映出水体受到污染，特别是有机物污染的程度，它是水体污染程度的重要指标，也是衡量水质的综合指标。

测定水中溶解氧的方法有碘量法及其修正法和膜电极法。清洁水可用碘量法，受污染的地面水和工业废水必须用修正的碘量法或膜电极法。

（三）氰化物的测定

氰化物主要包括氢氰酸（HCN）及其盐类（如 HCN、NaCN）。氰化物是一种剧毒物质，也是一种广泛应用的重要工业原料。在天然物质中，如苦杏仁、枇杷仁、桃仁、木薯及白果，均含有少量 HCN。一般在自然水体中不会出现氧化物，水体受到氰化物的污染，往往是由工厂排放废水以及使用含有氰化物的杀虫剂所引起，它主要来源于金属、电镀、精炼、矿石浮选、炼焦、染料、制药、维生素、丙烯腈纤维制造、化工及塑料工业。

人误服或在工作环境中吸入氰化物时，会造成中毒。其主要原因是氰化物进入人体后，可与高铁型细胞色素氧化酶结合，变成氰化高铁型细胞色素氧化酶，使之失去传递氧的功能，引起组织缺氧而致中毒。

测定氰化物的方法主要有硝酸银滴定法、分光光度法、离子选择电极法等。测定之前，通常先将水样在酸性介质中进行蒸馏，把能形成氰化氢的氰化物蒸出，使之与干扰组分分离。常用的蒸馏方法有以下两种：

①酒石酸—硝酸锌预蒸馏。在水样中加入酒石酸和硝酸锌，在 pH 值约为 4 的条件下加热蒸馏，简单氰化物及部分配位氰（如 $[Zn(CN)_4]^{2-}$）以 HCN 的形式蒸馏出来，用氢氧化钠溶液吸收，取此蒸馏液测得的氰化物为易释放的氰化物。

②磷酸— EDTA 预蒸馏。向水样中加入磷酸和 EDTA，在 pH<2 的条件下，加热蒸馏，利用金属离子与 EDTA 配位能力比与 CN^- 强的特性，使配位氧化物离解出 CN^-，并在磷酸酸化的情况下，以 HCN 形式蒸馏出。此法测得的是全部简单氰化物和绝大部分配位氰化物，而钴氰配合物则不能蒸出。

（四）氨氮的测定

水中的氨氮是指以游离氨（NH_3）和铵离子（NH_4^+）形式存在的氮，两者的组成比决定于水的 pH 值，当 pH 值偏高时，游离氨的比例较高；反之，则铵盐的比例高。水中氨氮来源主要为生活污水中含氮有机物受微生物作用的分解产物，某些工业废水，如石油化工厂、畜牧场及废水处理厂、食品厂、化肥厂、炼焦厂等排放的废水及农田排水、粪便是生活污水中氮的主要来源。在有氧环境中，水中氨可转变为亚硝酸盐或硝酸盐。

我国水质分析工作者，把水体中溶解氧参数和铵浓度参数结合起来，提出水体污染指数的概念与经验公式，用以指导给水生产和作为评价给水水源水质优劣标准，所以氨氮是水质重要测量参数。氨氮的分析方法有滴定法、纳氏试剂分光光度法、苯酚—次氯酸盐分光光度法、氨气敏电极法等。

（五）亚硝酸盐氮的测定

亚硝酸盐是含氮化合物分解过程的中间产物，极不稳定，可被氧化成硝酸盐，也易被还原成氨，所以取样后立即测定，才能检出 NO_2^-。亚硝酸盐实际是亚铁血红蛋白病的病原体，它可与仲胺类（RRNH）反应生成亚硝胺类（RRN－NO），已知它们之中许多具有强烈的致癌性。所以 NO_2^- 是一种潜在的污染物，被列为水质必测项目之一。

水体亚硝酸盐的主要来源是污水、石油、燃料燃烧以及硝酸盐肥料工业，染料、药物、试剂厂排放的废水。淡水、蔬菜中亦含有亚硝酸盐，含量不等，熏肉中含量很高。亚硝酸盐氮的测定，通常采用重氮耦合比色法，按试剂不同分为 N－（1–萘基）–乙二胺比色法和 α–萘胺比色法。两者的原理和操作基本相同。

在 pH 为 1.8+0.3 的磷酸介质中，亚硝酸盐与对氨基苯磺酰胺反应，生成重氮盐，再与 N－（1–萘基）–乙二胺偶联生成红色染料，于 540 nm 处进行比色测定。

本法适用于饮用水、地面水、地下水、生活污水和工业废水中亚硝酸盐氮的测定。最低检出浓度为 0.003 mg/L，测定上限为 0.20 mg/L。

必须注意的是下面两点：第一，水样中如有强氧化剂或还原剂时则干扰测定，可取水样加 $HgCl_2$ 溶液过滤除去。Fe^{3+}、Ca^{2+}的干扰，可分别在显色之前加 KF 或 EDTA 掩蔽。水样如有颜色和悬浮物时，可于 100 mL 水样中加入 2 mL 氢氧化铝悬浮液进行脱色处理，滤去 $Al(OH)_3$ 沉淀后再进行显色测定。第二，实验用水均为不含亚硝酸盐的水，制备时于普通蒸馏水中加入少许 $KMnO_4$ 晶体，使呈红色，再加 $Ba(OH)_2$ 或 $Ca(OH)_2$ 使成碱性。置全玻璃蒸馏器中蒸馏，弃去 50 mL 初馏液，收集中间约 70%不含锰的馏出液。

（六）硝酸盐氮的测定

硝酸盐是在有氧环境中最稳定的含氮化合物，也是含氮有机化合物经无机化作用最终阶段的分解产物。清洁的地面水硝酸盐氮含量较低，受污染水体和一些深层地下水中含量较高。制革、酸洗废水、某些生化处理设施的出水及农田排水中常含大量硝酸盐。人体摄入硝酸盐后，经肠道中微生物作用转变成亚硝酸盐而呈现毒性作用。

水中硝酸盐的测定方法有酚二磺酸分光光度法、镉柱还原法、戴氏合金还原法、紫外分光光度法和离子选择电极法。

紫外分光光度法多用于硝酸盐氮含量高、有机物含量低的地表水测定。该方法的基本原理是采用絮凝共沉淀和大孔型中性吸附树脂进行预处理，以排除天然水中大部分常见有机物、浑浊和 Fe^{3+}、Cr(Ⅵ) 对本法的干扰。利用 NO_3^- 对 220 nm 波长处紫外线选择性吸收来定量测定硝酸盐氮。离子选择电极法中的 NO_3^- 离子选择电极属于液体离子交换剂膜电极，这类电极用浸有液体离子交换剂的惰性多孔薄膜作为传感膜，该膜对溶液中不同浓度的 NO_3^- 有不同的电位响应。

第三节　有机化合物综合指标的测定

水体中有机化合物种类繁多，难以对每一个组分逐一定量测定，目前多采用测定有机化合物的综合指标来间接表征有机化合物的含量。综合指标主要有化学需氧量、高锰酸盐指数、生化需氧量、总需氧量和总有机碳等。有机化合物的污染源主要有农药、医药、染料以及化工企业排放的废水。

一、化学需氧量

化学需氧量（Chemical Oxygen Demand，COD）是指在一定条件下，氧化 1 L 水样中还原性物质所消耗的氧化剂的量，以氧的质量浓度（mg/L）表示。化学需氧量反映了水体受还原性物质污染的程度。水中的还原性物质包括有机物、亚硝酸盐、亚铁盐、硫化物等。水被有机物污染是很普遍的，因此化学需氧量也作为有机物相对含量的指标之一。

化学需氧量随测定时所用氧化剂的种类、浓度、反应温度和时间、溶液的酸度、催化剂等变化而不同。水样中化学需氧量的测定方法有重铬酸钾法、氯气校正法、碘化钾碱性高锰酸钾法和快速消解分光光度法。

（一）重铬酸钾法

在水样中加入一定量的重铬酸钾溶液及硫酸汞溶液，并在强酸介质下以硫酸银做催化剂，装置回流 2 h 后，以 1，10-邻二氮菲为指示剂，用硫酸亚铁铵标准溶液滴定水样中未被还原的重铬酸钾，由消耗的硫酸亚铁铵的量计算出回流过程中消耗的重铬酸钾的量，并换算成消耗氧的质量浓度，即为水样的化学需氧量。

当污水 COD 大于 50 mg/L 时，可用 0. 25 mol/L 的 $K_2Cr_2O_7$ 标准溶液；当污水 COD 为 5～50 mg/L 时，可用 0. 025 mol/L 的 $K_2Cr_2O_7$ 标准溶液。

$K_2Cr_2O_7$ 氧化性很强，可将大部分有机物氧化，但吡啶不被氧化，芳香族有机物不易被氧化。挥发性直链脂肪族化合物、苯等有机物存在于蒸气相，氧化不明显。

氯离子能被 $K_2Cr_2O_7$ 氧化，并与硫酸银作用生成沉淀，影响测定结果，在回流前加入适量的硫酸汞去除。但当水中氯离子浓度大于 1000 mg/L 时，不能采用此方法测定。

（二）氯气校正法

按照重铬酸钾法测定的 COD 值即为表观 COD。将水样中未与 Hg_{2+} 配位而被氧化的那部分氯离子所形成的氯气导出，用氢氧化钠溶液吸收后，加入碘化钾，用硫酸调节溶液为 pH 值为 2～3，以淀粉为指示剂，用硫代硫酸钠标准溶液滴定，由此计算出与氯离子反应消耗的重铬酸钾，并换算为消耗氧的质量浓度，即为氯离子校正值。表观 COD 与氯离子校正值的差即为所测水样的 COD。

该方法适用于氯离子含量小于 20 000 mg/L 的高氯废水中化学需氧量的测定，主要用于油田、沿海炼油厂、油库、氯碱厂等废水中 COD 的测定。

首先连接好装置。通入氮气（5～10 mL/min），加热，自溶液沸腾起回流 2h。停止加热后，加大气流（30～40 mL/min），继续通氮气约 30 min。取下吸收瓶，冷却至室温，加入 1. 0g 碘化钾，然后加入 7 mL 硫酸（2 mol/L），调节溶液 pH 为 2～3，放置 10 min，用硫代硫酸钠标准溶液滴定至淡黄色，加入淀粉指示液。

然后继续滴定至蓝色刚刚消失，记录消耗硫代硫酸钠标准溶液的体积。待锥形瓶冷却后，从冷凝管上端加入一定量的水，取下锥形瓶。待溶液冷却至室温后，加入 3 滴 1，10-邻二氮菲，用硫酸亚铁铵标准溶液滴定至溶液的颜色由黄色经蓝绿色变为红褐色为终点。

（三）碘化钾碱性高锰酸钾法

在碱性条件下，在水样中加入一定量的高锰酸钾溶液，在沸水浴中反应一定时间，以氧化水中的还原性物质。加入过量的碘化钾，还原剩余的高锰酸钾，以淀粉为指示剂，用硫代硫酸钠滴定释放出来的碘。根据消耗高锰酸钾的量，换算成相对应的氧的质量浓度，用 COD_{OH-KI} 表示。该方法适用于油气田和炼化企业高氯废水中化学需氧量的测定。

由于碘化钾碱性高锰酸钾法与重铬酸盐法的氧化条件不同，对同一样品的测定值也不同。而我国的污水综合排放标准中 COD 指标是指重铬酸钾法的测定结果。

（四）快速消解分光光度法

试样中加入已知量的重铬酸钾溶液，在强硫酸介质中，以硫酸银作为催化剂，经高温消解后，溶液中的铬以 $Cr_2O_7^{2-}$ 和 Cr^{3+} 两种形态存在。

在 600 nm+20 nm 波长处 Cr^{3+} 有吸收而 $Cr_2O_7^{2-}$ 无吸收，而在 440 nm±20 nm 波长处 Cr^{3+} 和 $Cr_2O_7^{2-}$ 均有吸收。若水样的 COD 值为 100 mg/L 至 1000 mg/L 时，配制 COD 值为 100 mg/L 至 1000 mg/L 范围内的标准系列溶液，经高温快速消解后，在（600+20）nm 波长处分别测定标准系列溶液中重铬酸钾被还原产生的 Cr^{3+} 的吸光度 A_i 和 A_x，同时测定空白实验溶液的吸光度 A_0。以吸光度 $A(A_1-A_0)$ 为纵坐标，以标准系列溶液的 COD 值为横坐标，绘制标准曲线，根据校准曲线方程计算试样的 COD 值。若试样中 COD 值为 15 mg/L 至 250 mg/L 时，在（600±20）nm 波长处 Cr^{3+} 的吸光度值很小，为了减小测量误差，可以在（440+20）nm 波长处测定重铬酸钾未被还原的六价铬和被还原产生的三价铬的总吸光度。试样中 COD 值与 $Cr_2O_7^{2-}$ 吸光度减少值成正比例关系，与 Cr^{3+} 吸光度增加值成正比例关系，且与总吸光度减少值成正比例关系。配制 COD 值为 15mg/L 至 250mg/L 范围内的标准系列溶液，经高温快速消解后，在（440+20）nm 波长处分别测定标准系列溶液和水样中 $Cr_2O_7^{2-}$ 和 Cr^{3+} 的总吸光度 A_i 和 A_x，同时测定空白实验溶液的吸光度 A_0。以吸光度 $A(A_1-A_0)$ 为纵坐标，以标准系列溶液的 COD 值为横坐标，绘制标准曲线，根据校准曲线方程计算试样的 COD 值。

该方法适用于地表水、地下水、生活污水和工业废水中 COD 的测定。对未经稀释的水样，其 COD 测定下限为 15 mg/L，测定上限为 1000 g/L，氯离子浓度不应大于 1000 mg/L。对于 COD 大于 1000 mg/L 或氯离子含量大于 1000 mg/L 的水样，可经适当稀释后进行测定。

在（600±20）nm 处测试时，Mn（III）、Mn（VI）或 Mn（Ⅶ）形成红色物质，会引起正偏差；而在（440+20）nm 处，锰溶液（硫酸盐形式）的影响比较小。另外，若工业废水中存在高浓度的有色金属离子，对测定结果可能也会产生一定的影响。为了减少高浓度有色金属离子对测定结果的影响，应将水样适当稀释后进行测定，并选择合适的测定波长。

二、高锰酸盐指数

高锰酸盐指数（Permanganate Index）是指在一定条件下，以高锰酸钾为氧化剂氧化水样中的还原性物质所消耗的高锰酸钾的量，以氧的质量浓度（mg/L）来表示。

因高锰酸钾在酸性介质中的氧化能力比在碱性介质中的氧化能力强，故常分为酸性高锰酸钾法和碱性高锰酸钾法，分别适用于不同水样的测定。

取一定量水样（一般取 100 mL），在酸性或碱性条件下，加入 10 mL 高锰酸钾溶液，沸水浴 30 min 以氧化水样中还原性无机物和部分有机物。加入过量的草酸钠溶液还原剩余的高锰酸钾，再用高锰酸钾标准溶液滴定过量的草酸钠。反应式如下：

水样未稀释时，高锰酸盐指数（O_2，mg/L）按下式计算：

$$\text{高锰酸盐指数}(O_2,\ \text{mg/L}) = \frac{1}{4} \times \frac{c[(10 + V_1)K - 10]M(O_2)}{V} \times 10^3$$

式中，c 为草酸钠 $\left(\frac{1}{2}Na_2C_2O_4\right)$ 标准溶液的浓度，mol/L；V_1 为滴定水样消耗高锰酸钾标准溶液的体积，mL；K 为校正系数［每毫升高锰酸钾标准溶液相当于草酸钠标准溶液的体积（mL）］；$M(O_2)$ 为氧气的摩尔质量，g/mol；V 为水样的体积，mL。

若水样的高锰酸盐指数超过 5 mg/L 时，应少取水样稀释后再测定。稀释后水样的高锰酸盐指数（O_2，mg/L）按下式计算：

高锰酸盐指数

$$(O_2,\ \text{mg/L}) = \frac{1}{4} \times \frac{c\{[(10 + V_1)K - 10] - [(10 + V_0)K - 10]f\}M(O_2)}{V} \times 10^3$$

式中，c 为草酸钠 $\left(\frac{1}{2}Na_2C_2O_4\right)$ 标准溶液的浓度，mol/L；V_1 为滴定水样消耗高锰酸钾标准溶液的体积，mL；V_0 为空白实验消耗高锰酸钾标准溶液的体积，mL；K 为校正系数［每毫升高锰酸钾标准溶液相当于草酸钠标准溶液的体积（mL）］；f 为稀释水样中含稀释水的比值；$M(O_2)$ 为氧气的摩尔质量，g/mol；V 为水样的体积，mL；V 为原水样的体积，mL。

国际标准化组织（ISO）建议高锰酸盐指数仅限于测定地表水、饮用水和生活污水。

若水样中氯离子含量不高于 300 mg/L 时，采用酸性高锰酸钾法；若氯离子含量高于 300 mg/L 时，采用碱性高锰酸钾法。

三、生化需氧量

生化需氧量（Biochemical Oxygen Demand，BOD）是指在规定的条件下，微生物分解水中某些物质（主要为有机物）的生物化学过程中所消耗的溶解氧。由于规定的条件是在（20+1）℃条件下暗处培养 5 d，因此被称为五日生化需氧量，用 BOD_5 表示，单位为 mg/L。

BOD_5 是反映水体被有机物污染程度的综合指标，也是研究污水的可生化降解性和生化处理效果，以及生化处理污水工艺设计和动力学研究中的重要参数。

测定五日生化需氧量的方法可以分为溶解氧含量测定法、微生物传感器快速测定法和测压法三类。溶解氧的含量测定法是分别测定培养前后培养液中溶解氧的含量，进而计算出 BOD_5 的值，根据水样是否稀释或接种又分为非稀释法、非稀释接种法、稀释法和稀释接种法。如样品中的有机物含量较少，BOD_5 的质量浓度不大于 6 mg/L，且样品中有足够的微生物，用非稀释法测定；若样品中的有机物含量较少，BOD_5 的质量浓度不大于 6 mg/L，但样品中缺少足够的微生物，如酸性废水、碱性废水、高温废水、冷冻保存的废水或经过氯化处理等的废水，须采用非稀释接种法测定。若试样中的有机物含量较多，BOD_5 的质量浓度大于 6 mg/L，且样品中有足够的微生物，采用稀释法测定；若试样中的有机物含量较多，BOD_5 的质量浓度大于 6 mg/L，但试样中无足够的微生物必须采用稀释接种法测定。该方法适用于地表水、工业废水和生活污水中 BOD_5 的测定。

（一）溶解氧含量测定法

1. 非稀释法

①水样的采集与保存。采集的样品应充满并密封于棕色玻璃瓶中，样品量不小于 1000 mL，在 0～4 ℃的暗处运输和保存，并于 24 h 内尽快分析。

②试样的制备与培养。若样品中溶解氧浓度低，需要用曝气装置曝气 15 min，充分振摇赶走样品中残留的空气泡；若样品中氧过饱和，使样品量达到容器 2/3 体积，用力振荡赶出过饱和氧。将试样充满溶解氧瓶中，使试样少量溢出，防止试样中的溶解氧质量浓度改变，使瓶中存在的气泡靠瓶壁排出，盖上瓶塞。在制备好的试样的溶解氧瓶上加上水封，在瓶塞外罩上密封罩，防止培养期间水封水蒸发干，在恒温培养箱中于（20±1）℃条件下培养 5 d±4 h。

2. 非稀释接种法

向不含有或少含有微生物的工业废水中引入能分解有机物的微生物的过程，称为接种。用来进行接种的液体称为接种液。

①接种液的制备。获得适用的接种液的方法有：购买接种微生物用的接种物质，按说明书的要求操作配制接种液；采用未受工业废水污染的生活污水，要求化学需氧量不大于300 mg/L，总有机碳不大于100 mg/L；采取含有城镇污水的河水或湖水；采用污水处理厂的出水。

当需要测定某些含有不易被一般微生物所分解的有机物工业污水的BOD_5时，需要进行微生物的驯化。通常在工业废水排污口下游适当处取水样作为废水的驯化接种液，也可采用一定量的生活污水，每天加入一定量的待测工业废水，连续曝气培养，当水中出现大量的絮状物时（驯化过程一般需3～8 d），表明微生物已繁殖，可用作接种液。

②接种水样、空白样的制备与培养。水样中加入适量的接种液后作为接种水样，按非稀释法同样的培养方法培养。若试样中含有硝化细菌，有可能发生硝化反应，须在每升试样中加入2 mL丙烯基硫脲硝化抑制剂（1.0 g/L）。

在每升稀释水（配制方法见稀释法）中加入与接种水样中相同量的接种液作为空白样，需要时每升空白样中加入2 mL丙烯基硫脲硝化抑制剂（1.0 g/L）。与接种水样同时、同条件进行培养。

3. 稀释法

①水样的预处理。若样品或稀释后样品pH值不在6～8的范围内，应用盐酸溶液（0.5 mol/L）或氢氧化钠溶液（0.5 mol/L）调节其pH值至6～8；若样品中含有少量余氯，一般在采样后放置1～2 h，游离氯即可消失。对在短时间内不能消失的余氯，可加入适量亚硫酸钠溶液去除样品中存在的余氯和结合氯；对于含有大量颗粒物、需要较大稀释倍数的样品或经冷冻保存的样品，测定前均须将样品搅拌均匀；若样品中有大量藻类存在，会导致BOD_5的测定结果偏高。当分析结果精度要求较高时，测定前应用滤孔为1.6 μm的滤膜过滤，检测报告中注明滤膜滤孔的大小。

②稀释水的制备。在5～20 L的玻璃瓶中加入一定量的水，控制水温在（20±1）℃，用曝气装置至少曝气1 h，使稀释水中的溶解氧达到8 mg/L以上。使用前每升水中加磷酸盐缓冲溶液、硫酸镁溶液（11 g/L）、氯化钙溶液（27.6 g/L）和氯化铁溶液（0.15 g/L）各1.0 mL，混匀，于20 ℃保存。在曝气的过程中应防止污染，特别是防止带入有机物、金属、氧化物或还原物。稀释水中氧的质量浓度不能过饱和，使用前需开口放置1 h，且应在24 h内使用。

③稀释水样、空白样的制备与培养。用稀释水（配制方法同非稀释接种法）稀释后的样品作为稀释水样。按照确定的稀释倍数，将一定体积的试样或处理后的试样用虹吸管加入已盛有部分稀释水的稀释容器中，加稀释水至刻度，轻轻混合避免残留气泡。若稀释倍

数超过 100 倍，可进行两步或多步稀释。若样品中含有硝化细菌，有可能发生硝化反应，需在每升培养液中加入 2 mL 丙烯基硫脲硝化抑制剂（1.0 g/L）。在制备好的稀释水样的溶解氧瓶上加上水封，在瓶塞外罩上密封罩，在恒温培养箱中于（20+1）℃条件下培养 5 d+4 h。

以稀释水作为空白样，需要时每升稀释水中加入 2 mL 丙烯基硫脲硝化抑制剂（1.0 g/L）。与稀释水样同时、同条件进行培养。

（二）微生物传感器快速测定法

微生物传感器（Microorganism Sensor）由氧电极和微生物菌膜组成，当含有饱和溶解氧的样品进入流通池中与微生物传感器接触时，样品中溶解的可生化降解的有机物受到微生物菌膜中菌种的作用而消耗一定量的氧，使扩散到氧电极表面上氧质量减少。当样品中可生化降解的有机物向菌膜扩散速度（质量）达到恒定时，此时扩散到氧电极表面上的氧质量也达到恒定，从而产生一个恒定的电流。由于恒定电流差值与氧的减少量存在定量关系，可直接读取仪器显示浓度值，或由工作曲线查出水样中的 BOD_5。

该法适用于地表水、生活污水及不含对微生物有明显毒害作用的工业废水中 BOD_5 的测定。

（三）测压法

在密闭的培养瓶中，系统中的溶解氧由于微生物降解有机物而不断消耗。产生与耗氧量相当的 CO_2 被吸收后，使密闭系统的压力降低，通过压力计测出压力降，即可求出水样的 BOD_5。在实际测定中，先以标准葡萄糖谷氨酸溶液的 BOD_5 和相应的压差进行曲线校正，便可直接读出水样的 BOD_5。

四、总需氧量

总需氧量（Total Oxygen Demand，TOD）是指水中能被氧化的物质，主要是有机质在燃烧中变成稳定的氧化物时所需要的氧量，结果以氧气的质量浓度（mg/L）表示。

总需氧量常用 TOD 测定仪来测定，将一定量水样注入装有铝催化剂的石英燃烧管中，通入含已知氧浓度的载气（氮气）作为原料气，则水样中的还原性物质在 900 ℃下被瞬间燃烧氧化，测定燃烧前后原料气中氧浓度减少量，即可求出水样的 TOD 值。

TOD 是衡量水体中有机物污染程度的一项指标。TOD 值能反映几乎全部有机物质经燃烧后变成 CO_2、H_2O 、NO 、SO_2 等所需要的氧量，它比 BOD_5、COD 和高锰酸盐指数更接近理论需氧量值。

有资料表明 BOD/TOD 为 0.1～0.6，COD/TOD 为 0.5～0.9，但它们之间没有固定相关关系，具体比值取决于污水性质。

研究表明，水样中有机物的种类可用 TOD 和 TOC 的比例关系来判断。对于含碳化合物来说，碳原子被完全氧化时，一个碳原子需要两个氧原子，而两个氧原子与一个碳原子的原子量比值为 2.67，于是理论上 TOD/TOC = 2.67。若某水样的 TOD/TOC ≈ 2.67，可认为主要是含碳有机物；若 TOD/TOC > 4.0，可认为有较大量含硫、磷的有机物；若 TOD/TOC < 2.6，可认为有较大量的硝酸盐和亚硝酸盐，它们在高温和催化作用下分解放出氧，使 TOD 测定呈现负误差。

五、总有机碳

总有机碳（Total Organic Carbon，TOC）指溶解和悬浮在水中所有有机物的含碳量，是以碳的含量表示水体中有机物质总量的综合指标。国内外已研制各种总有机碳分析仪，按工作原理可分为燃烧氧化—非色散红外吸收法、电导法、气相色谱法、湿法氧化—非色散红外吸收法等。目前广泛采用燃烧氧化—非色散红外吸收法。

（一）差减法

将试样连同净化气体分别导入高温燃烧管（900 ℃）和低温反应管（150 ℃）中，经高温燃烧管的试样被高温催化氧化，其中的有机碳和无机碳均转化为二氧化碳，低温石英管中装有磷酸浸渍的玻璃棉，能使无机碳酸盐在 150 ℃分解为二氧化碳，而有机物却不能被氧化分解。将两种反应管中生成的二氧化碳分别导入非分散红外检测器，分别测得总碳和无机碳，二者之差即为总有机碳。

（二）直接法

试样经过酸化将其中的无机碳转化为二氧化碳，曝气去除二氧化碳后，再将试样注入高温燃烧管中，以铂和三氧化钴或三氧化二铬为催化剂，使有机物燃烧转化为二氧化碳，导入非分散红外检测器直接测定总有机碳。

该方法适用于地表水、地下水、生活污水和工业废水中总有机碳的测定，检出限为 0.1 mg/L，测定下限为 0.5 mg/L。

由于该法可使水样中的有机物完全氧化，因此 TOC 比 COD、BOD_5 和高锰酸盐指数能更准确地反映水样中有机物的总量。当地表水中无机碳含量远高于总有机碳时，会影响总有机碳的测定精度。地表水中常见共存离子无明显干扰，当共存离子浓度较高时，可影响红外吸收，用无二氧化碳水稀释后再测。

第三章　土壤环境质量监测

第一节　土壤监测方案制订

一、土壤监测的目的

土壤是指陆地地表具有肥力并能生长植物的疏松表层，介于大气圈、岩石圈、水圈和生物圈之间，厚度一般在 2 m 左右。土壤是人类环境的重要组成部分，其质量优劣直接影响人类的生产、生活和社会发展。因此，土壤环境质量的监测是非常有必要的。

（一）土壤质量现状监测

监测土壤质量现状的目的是判断土壤是否被污染及污染状况，并预测其发展变化趋势。《土壤环境质量标准》中将土壤环境质量分为三类：A 类标准、B 类标准和 C 类标准。A 类标准是关于重点行政区域、重点污染源附近土壤环境质量的一般标准，B 类标准针对其他居住区、非重点行政区域和工业用地、旅游用地等土壤环境质量的一般标准，C 类标准针对重点行政区域、重点污染源以及食用园林水产的土壤环境质量的特殊要求。

（二）土壤污染事故监测

由于废气、废水、废物、污泥对土壤造成了污染，或者使土壤结构与性质发生明显的变化，或者对作物造成了伤害，需要调查分析主要污染物，确定污染的来源、范围和程度，为行政主管部门采取对策提供科学依据。

（三）污染物土地处理的动态监测

在进行废（污）水、污泥土地利用及固体废物土地处理的过程中，把许多无机和有机污染物质带入土壤，其中有的污染物质残留在土壤中，并不断积累，它们的含量是否达到了危害的临界值，需要进行定点长期动态监测，以做到既能充分利用土壤的净化能力，又能防止土壤污染，保护土壤生态环境。

（四）土壤背景值调查

通过分析测定土壤中某些元素的含量，确定这些元素的背景值水平和变化，了解元素的供应状况，为保护土壤生态环境、合理施用微量元素及地方病病因的探讨与防治提供依据。

二、土壤资料的收集

广泛地收集相关资料，包括自然环境和社会环境方面的资料，有利于优化采样点的布设和后续监测工作。

自然环境方面的资料包括土壤类型、植被、区域土壤元素的背景值、土地利用情况、水土流失、自然灾害、水系、地下水、地质、地形地貌、气象等，以及相应的图件（如土壤类型图、地质图、植被图等）。

社会环境方面的资料包括工农业生产布局、工业污染源种类及分布、污染物种类及排放途径和排放量、农药和化肥使用状况、废（污）水灌溉及污泥施用状况、人口分布、地方病等，以及相应的图件（如污染源分布图、行政区划图等）。

三、土壤监测项目

土壤监测项目应根据监测目的确定。背景值调查研究是为了了解土壤中各种元素的含量水平，要求测定的项目较多。污染事故监测仅测定可能造成土壤污染的项目。土壤质量监测测定那些影响自然生态和植物正常生长及危害人体健康的项目。

选择必测项目是根据监测地区环境污染状况，确认在土壤中积累较多，对农业危害较大，影响范围广、毒性较强的污染物，具体项目由各地自行确定。选择项目指新纳入的在土壤中积累较少的污染物，由于环境污染导致土壤性状发生改变的土壤性状指标和农业生态环境指标。选择必测项目和选测项目包括铁、锰、总钾、有机质、总氮、有效磷、总磷、水分、总硒、有效硼、总硼、总钼、氟化物、氯化物、矿物油、苯并［a］芘、全盐量等。

四、土壤监测的方法

监测方法包括土壤样品的预处理和分析测定方法两部分。分析测定方法常用原子吸收光谱法、分光光度法、原子荧光光谱法、气相色谱法、电化学法及化学分析法等。电感耦合等离子体原子发射光谱（ICP-AES）法、X 射线荧光光谱法、中子活化法、液相色谱法及气相色谱—质谱（GC-MS）法等近代分析方法在土壤监测中也已应用，选择分析方法的原则也是遵循标准方法、权威部门规定或推荐的方法、自选等效方法的先后顺序。

五、采样点的布设

（一）布设遵循的原则

土壤环境是一个开放的缓冲动力学体系，与外环境之间不断地进行物质和能量交换，但又具有物质和能量相对稳定和分布均匀性差的特点。为使布设的采样点具有代表性和典型性，应遵循下列原则：

1. 合理划分采样单元。在进行土壤监测时，往往监测面积较大，需要划分若干个采样单元，同时在不受污染源影响的地方选择对照采样单元。同一采样单元的差别应尽可能缩小。土壤质量监测或土壤污染监测，可按照土壤接纳污染物的途径（如大气污染、农灌污染、综合污染等），参考土壤类型、农作物种类、耕作制度等因素，划分采样单元。背景值调查一般按照土壤类型和成土母质划分采样单元，因为不同类型的土壤和成土母质的元素组成和含量相差较大。

2. 对于土壤污染监测，坚持“哪里有污染就在哪里布点”，并根据技术水平和财力条件，优先布设在那些污染严重、影响农业生产活动的地方。

3. 采样点不能设在田边、沟边、路边、堆肥周边及水土流失严重或表层土被破坏处。

（二）采样点的数量

土壤监测布设采样点的数量要根据监测目的、区域范围及其环境状况等因素确定。监测区域大、区域环境状况复杂，布设采样点数就要多；监测区域小，其环境状况差异小，布设采样点数就少。一般要求每个采样单元最少设三个采样点。

在“中国土壤环境背景值研究”工作中，采用统计学方法确定采样点数，即在选定的置信水平下，采样点数取决于所测项目的变异程度和要求达到的精度。

（三）采样点布设的方法

1. 对角线布点法

该方法适用于面积较小、地势平坦的废（污）水灌溉或污染河水灌溉的田块。由田块进水口引一对角线，在对角线上至少分五等份，以等分点为采样点。若土壤差异性大，可增加采样点。

2. 梅花形布点法

该方法适用于面积较小、地势平坦、土壤物质和污染程度较均匀的地块。中心分点设在地块两对角线交点处，一般设5～10个采样点。

3. 棋盘式布点法

这种布点方法适用于中等面积、地势平坦、地形完整开阔，但土壤较不均匀的地块，一般设10个或10个以上采样点。此法也适用于受固体废物污染的土壤，因为固体废物分布不均匀，此时应设20个以上采样点。

4. 蛇形布点法

这种布点方法适用于面积较大、地势不很平坦、土壤不够均匀的地块。布设采样点数目较多。

5. 放射状布点法

该方法适用于大气污染型土壤。以大气污染源为中心，向周围画射线，在射线上布设采样点。在主导风向的下风向适当增加采样点之间的距离和采样点数量。

6. 网格布点法

该方法适用于地形平缓的地块。将地块划分成若干均匀网状方格，采样点设在两条直线的交点处或方格的中心。农用化学物质污染型土壤、土壤背景值调查常用这种方法。

第二节　土壤样品的采集方法与保存

一、土壤样品的采集

采集土壤样品包括根据监测目的和监测项目确定样品类型，进行物质、技术和组织准备，现场踏勘及实施采样等工作。

（一）采样准备

1. 采样需要准备的资料

采样前应充分了解有关技术文件和监测规范，并收集与监测区域相关的资料，主要包括：

①监测区域的交通图、土壤图、地质图、大比例尺地形图等资料，用于制作采样工作图和标注采样点位。

②监测区域的土类、成土母质等土壤信息资料。

③工程建设或生产过程对土壤造成影响的环境研究资料。

④造成土壤污染事故的主要污染物的毒性、稳定性以及如何消除等资料。

⑤土壤历史资料和相应的法律（法规）。

⑥监测区域工农业生产及排污、污灌、化肥农药施用情况资料。

⑦监测区域气候资料（温度、降水量和蒸发量）、水文资料；监测区域遥感与土壤利用及其演变过程方面的资料等。

通过现场踏勘，将调查得到的信息进行验证、整理和利用，丰富采样工作图的内容。

2. 采样所需器具

采样器具一般包括以下五类：

①工具类：铁锹、铁铲、圆状取土钻、螺旋取土钻、竹片以及适合特殊采样要求的工具等。

②器材类：GPS、罗盘、照相机、卷尺、铝盒、样品袋和样品箱等。

③文具类：样品标签、采样记录报表、铅笔、资料夹等。

④安全防护用品：工作服、工作鞋、安全帽、药品箱等。

⑤交通工具：采样专用车辆。

（二）样品的布点与样品数

合理划分采样单元是采样点布设的前期工作。监测单元是按地形—成土母质—土壤类型—环境影响划分的监测区域范围。土壤采样点是在监测单元内实施监测采样的地点。

为了使采集的监测样品具有较好的代表性，必须避免一切主观因素，遵循“随机”和“等量”的原则。一方面，组成样品的个体应当是随机地取自总体；另一方面，一组需要相互之间进行比较的样品应当由等量的个体组成。“随机”和“等量”是决定样品具有同等代表性的重要条件。

1. 样点布设的原则

为使布设的采样点具有代表性和典型性，应遵循下列原则：

①合理地划分采样单元。在进行土壤监测时，往往涉及范围较广、面积较大，需要划分成若干个采样单元、同时在不受污染源影响的地方选择对照采样单元。因为不同类型的土壤和成土母质的元素组成、含量相差较大，土壤质量监测或土壤污染监测可按照土壤接纳污染物的途径（如大气污染、农灌污染、综合污染等），参考土壤类型、农作物种类、耕作制度等因素，划分采样单元。背景值调查一般按照土壤类型和成土母质划分采样单元。同一单元的差别应尽可能缩小。

②坚持哪里有污染就在哪里布点，并根据技术力量和财力条件，优先布设在那些污染严重、影响农业生产活动的地方。

③采样点不能设在田边、沟边、路边、肥堆边及水土流失严重或表层土被破坏处。

2. 布点的方法

布点的方法一般有三种，即简单随机布点、分块随机布点和系统随机布点。

（1）简单随机布点

简单随机布点是一种完全不带主观限制条件的布点方法。通常将监测单元分成网格，每个网格编上号码，决定采样点样品数后，随机抽取规定的样品数的样品，其样本号码对应的网格号即为采样点。随机数的获得可以利用掷骰子、抽签、查随机数表的方法。

（2）分块随机布点

分块随机布点是根据收集的资料，如果监测区域内的土壤有明显的几种类型，即可将区域分成几块，每块内污染物较均匀，块间的差异较明显，将每块作为一个监测单元，在每个监测单元内再随机布点。在合理分块的前提下，分块随机布点的代表性比简单随机布点好：如果分块不正确，分块随机布点的效果可能会适得其反。

（3）系统随机布点

系统随机布点是将监测区域划分成面积相等的多个部分（网格划分），每网格内布设一采样点。如果区域内土壤污染物含量变化较大，系统随机布点比简单随机布点所采样品的代表性更好。

3. 布点的数量

土壤监测的布点数量要满足样本容量的基本要求，即上述基础样品数量的下限数值，实际工作中土壤布点数量还要根据调查目的、调查精度和调查区域环境状况等因素确定。一般要求每个监测单元最少布设三个点。区域土壤环境调查按照调查的精度不同可从 2. 5 km、5 km、10 km、20 km、40 km 中选择网距网格布点，区域内的网格节点数即为土壤采样点数量。

（1）区域环境背景土壤环境调查布点

采样单元的划分，全国土壤环境背景值监测一般以土壤类型为主，省、自治区、直辖市级的以土壤类型和成土母质母岩类型为主，省级以下或条件许可或特别工作需要的可划分到亚类或土属。

根据实际情况可适当减小网格间距，适当调整网格的起始经纬度，避开过多网格落在道路或河流上，使样品更具代表性。

对于野外选点的要求，采样点的自然景观应符合土壤环境背景值研究的要求。采样点选在被采土壤类型特征明显，地形相对平坦、稳定、植被良好的地点；坡脚、洼地等具有从属景观特征的地点不设采样点；城镇、住宅、道路、沟渠、粪坑、坟墓附近等处人为干扰大，失去土壤的代表性，不宜设采样点，采样点离铁路、公路至少 300 m 以上；采样点以剖面发育完整、层次较清楚、无侵入体为准，不在水土流失严重或表土被破坏处设采样点；选择不施或少施化肥、农药的地块作为采样点，以使采样点尽可能少受人为活动的影响；不在多种土类、多种母质母岩交错分布、面积较小的边缘地区布设采样点。

（2）农田土壤采样布点

农田土壤监测单元按土壤主要接纳污染物的途径可分为大气污染型、灌溉水污染型、固体废物堆污染型、农用固体废物污染型、农用化学物质污染型和综合污染型（污染物主要来自上述两种以上途径）六类。监测单元划分要参考土壤类型、农作物种类、耕作制度、商品生产基地、保护区类型、行政区划等要素的差异，同一单元的差别应尽可能地缩小。每个土壤单元设 3～7 个采样区，单个采样区可以是自然分割的一块田地，也可由多个田块构成，其范围以 200 m × 200 m 左右为宜。

根据调查目的、调查精度和调查区域环境状况等因素确定监测单元，部门专项农业产品生产土壤环境监测布点按其专项监测要求进行。

大气污染型和固体废物堆污染型土壤监测单元以污染源为中心放射状布点，在主导风向和地表水的径流方向适当增加采样点（离污染源的距离远于其他点）；灌溉水污染型、农用固体废物污染型和农用化学物质污染型监测单元采用均匀布点；灌溉水污染型监测单元采用按水流方向带状布点，采样点自纳污口起由密渐疏：综合污染型监测单元布点采用综合放射状、均匀、带状布点法。

（3）建设项目土壤环境评价监测采样布点

采样点按每 100 公顷占地不少于 5 个且总数不少于 5 个布设，其中小型建设项目设 1 个柱状样采样点，大中型建设项目不少于 3 个柱状样采样点，特大型建设项目或对土壤环境影响敏感的建设项目不少于 5 个柱状样采样点。

生产或者将要生产造成的污染物，以工艺烟雾（尘）、污水、固体废物等形式污染周围土壤环境，采样点以污染源为中心放射状布设为主，在主导风向和地表水的径流方向适当增加采样点（离污染源的距离远于其他点）；以水污染型为主的土壤按水流方向带状布点，采样点自纳污口起由密渐疏：综合污染型监测单元布点采用综合放射状、均匀、带状布点法。

（4）城市土壤采样布点

城市土壤是城市生态的重要组成部分，虽然城市土壤不用于农业生产，但其环境质量对城市生态系统影响极大。城区大部分土壤被道路和建筑物覆盖，只有小部分土壤栽植草木，这里的城市土壤主要是指后者。城市土壤监测点以网距 2000 m 的网格布设为主，功能区布点为辅，每个网格设一个采样点。对于专项研究和调查的采样点可适当加密。

(5) 污染事故监测土壤采样布点

污染事故不可预料，接到举报后应立即组织采样。现场调查和观察，取证土壤被污染时间，根据污染物及其对土壤的影响确定监测项目，尤其是污染事故的特征污染物是监测的重点。根据污染物的颜色、印渍和气味并考虑地势、风向等因素初步界定污染事故对土壤的污染范围。

对于固体污染物抛洒污染型，等打扫好后布设采样点不少于 3 个；对于液体倾翻污染型，污染物向低洼处流动的同时向深度方向渗透并向两侧横向扩散，事故发生点样品点较密，事故发生点较远处样品点较疏，采样点不少于 5 个；对于爆炸污染型，以放射性同心圆方式布点，采样点不少于 5 个；事故土壤监测还要设定 2～3 个背景对照点。

（三）样品的类型、采样深度和采样量

1. 混合样品

如果只是一般了解土壤污染状况，对种植一般农作物的耕地，只须采集 0～20cm 耕作层土壤；对于种植果林类农作物的耕地，采集 0～60 cm 耕作层土壤。将在一个采样单元内各采样分点采集的土样混合均匀制成混合样，组成混合样的分点数通常为 5～20 个。混合样量往往较大，需要用四分法弃取，最后留下 1～2 kg，装入样品袋。

2. 剖面样品

如果要了解土壤污染深度，则应按土壤剖面层次分层采样。土壤剖面指地面向下的垂直于土体的切面。在垂直切面上可观察到与地面大致平行的若干层具有不同颜色、性状的土层。典型的自然土壤剖面分为 A 层（表层、腐殖质淋溶层）、B 层（亚层、淀积层）、C 层（风化母岩层、母质层）和底岩层。

采集土壤剖面样品时，须在特定采样地点挖掘一个 1 m× 1. 5 m 左右的长方形土坑，深度约在 2 m 以内，一般要求达到母质或潜水层即可。盐碱地地下水位较高，应取样至地下水位层；山地土层薄，可取样至母岩风化层。根据土壤剖面颜色、结构、质地、松紧度、温度、植物根系分布等划分土层，并进行仔细观察，将剖面形态、特征自上而下逐一记录。随后在各层最典型的中部自下而上逐层用小土铲切取一片片土壤样，每个采样点的取样深度和取样量应一致。将同层次土壤混合均匀，各取 1 kg 土样，分别装入样品袋。土壤背景值调查也需要挖掘剖面，在剖面各层次典型中心部位自下而上采样，但切忌混淆层次、混合采样。

（四）采样时间和频率

为了解土壤污染状况，可随时采集样品进行测定。如须同时掌握在土壤上生长的作物

受污染的状况，可在季节变化或作物收获期采集。一般土壤在农作物收获期采样测定，必测项目一年测定一次，其他项目五年测定一次。

（五）采样注意事项

1. 采样同时，填写土壤样品标签、采样记录、样品登记表。土壤标签一式两份，一份放入样品袋内，一份扎在袋口，并于采样结束时在现场逐项逐个检查。

2. 测定重金属的样品，尽量用竹铲、竹片直接采集样品，或用铁铲、土钻挖掘后，用竹片刮去与金属采样器接触的部分，再用竹铲或竹片采集土样。

二、土壤样品的保存

现场采集样品后，必须逐件与样品登记表、样品标签和采样记录进行核对，核对无误后分类装箱，运往实验室加工处理。运输过程中严防样品的损失、混淆和沾污。对光敏感的样品应有避光外包装。含易分解有机物的样品，采集后置于低温（冰箱）中，直至运送分析室。

制样工作室应分设风干室和磨样室。风干室朝南（严防阳光直射土样），通风良好，整洁无尘，无易挥发性化学物质。在风干室将土样放置于风干盘（白色搪瓷盘及木盘）中，摊成2～3 cm的薄层，适时地压碎、翻动，拣出碎石、砂砾、植物残体。

在磨样室将风干的样品倒在有机玻璃板上，用木槌敲打，用木滚、木棒、有机玻璃棒再次压碎，拣出杂质，混匀，并用四分法取压碎样，过孔径0.25 mm（20目）尼龙筛。过筛后的样品全部置于无色聚乙烯薄膜上并充分搅拌混匀，再采用四分法取其两份，一份交样品库存放，另一份作为样品的细磨用。粗磨样可直接用于土壤pH值、阳离子交换量、元素有效态含量等项目的分析。

用于细磨的样品再用四分法分成两份。一份研磨到全部过孔径0.25 mm（60目）筛，用于农药或土壤有机质、土壤全氮量等项目分析；另一份研磨到全部过孔径0.15 mm（100目）筛，用于土壤元素全量分析。

研磨混匀后的样品分别装于样品袋或样品瓶，填写土壤标签一式两份，瓶内或袋内装一份，瓶外或袋外贴一份。

制样过程中采样时的土壤标签与土壤始终放在一起，严禁混错，样品名称和编码始终不变；制样工具每处理一份样后擦抹（洗）干净，严防交叉污染；分析挥发性、半挥发性有机物或可萃取有机物不需要上述制样，用新鲜样按特定的方法进行样品前处理。

样品应按样品名称、编号和粒径分类保存。对于易分解或易挥发等不稳定组分的样品要采取低温保存的运输方法，并尽快送到实验室分析测试。测试项目需要新鲜样品的土样，采集后用可密封的聚乙烯或玻璃容器在4 ℃以下避光保存，样品要充满容器。避免用含有待测组分或对测试有干扰的材料制成的容器盛装保存样品，测定有机污染物用的土壤样品要选用玻璃容器保存。

第三节　土壤污染物监测及环境质量评价

一、土壤污染物监测

土壤污染物的种类复杂多样，因此对于土壤污染物的监测主要介绍以下四方面：

（一）土壤水分

土壤水分是土壤生物生长必需的物质，不是污染组分。但无论是用新鲜土样还是风干土样测定污染组分时，都需要测定土壤含水量，以便计算按烘干土样为基准的测定结果。

土壤含水量的测定要点是：对于风干土样，用分度为0.00 1 g 的天平称取适量通过1 mm孔径筛的土样，置于已恒重的铝盒中；对于新鲜土样，用分度为0.01g的天平称取适量土样，放于已恒重的铝盒中；将称量好的风干土样和新鲜土样放入烘箱内，于（105±2）℃烘至恒重。

（二）pH值

土壤pH值是土壤重要的理化参数，对土壤微量元素的有效性和肥力有重要影响。pH值为6.5～7.5的土壤，磷酸盐的有效性最大。土壤酸性增强，使所含许多金属化合物溶解度增大，其有效性和毒性也增大。土壤pH值过高（碱性土）或过低（酸性土），均影响植物的生长。

测定土壤pH值使用玻璃电极法，其测定要点是：称取通过1 mm孔径筛的土样10 g于烧杯中，加无二氧化碳蒸馏水25 L，轻轻摇动后用电磁搅拌器搅拌1 min，使水和土样混合均匀，放置30 min，用pH值计测定上部浑浊液的pH值。测定方法同水的pH值测定方法。

测定pH值的土样应存放在密闭玻璃瓶中，防止空气中的氨、二氧化碳及酸、碱性气体的影响。土壤的粒径及水土比均对pH值有影响。一般酸性土壤的水土比（质量比）保持（1∶1）～（5∶1），对测定结果影响不大；碱性土壤水土比以1∶1或2.5∶1为宜，水土比增加，测得的pH值偏高。另外，风干土壤和潮湿土壤测得的pH值有差异，尤其是石灰性土壤，由于风干作用，使土壤中大量二氧化碳损失，导致 pH 值偏高，因此风干土壤的 pH 值为相对值。

（三）可溶性盐分

土壤中可溶性盐分是用一定量的水从一定量土壤中经一定时间提取出来的水溶性盐分。当土壤所含的可溶性盐分达到一定数量后，会直接影响作物的萌发和生长，其影响程度主要取决于可溶性盐分的含量、组成及作物的耐盐度。就盐分的组成而言，碳酸钠、碳酸氢钠对作物的危害最大，其次是氯化钠，而硫酸钠危害相对较轻。因此，定期测定土壤中可溶性盐分总量及盐分的组成，可以了解土壤盐渍程度和季节性盐分动态，为制定改良和利用盐碱土壤的措施提供依据。

测定土壤中可溶性盐分的方法有重量法、比重计法、电导法、阴阳离子总和计算法等，下面简要介绍应用广泛的重量法。

重量法的原理：称取通过 1 mm 孔径筛的风干土壤样品 1000 g，放入 1000 mL 大口塑料瓶中，加入 500 mL 无二氧化碳蒸馏水，在振荡器上振荡提取后，立即抽滤，滤液供分析测定。吸取 50～100 mL 滤液于已恒重的蒸发皿中，置于水浴上蒸干，再在 100～105 ℃烘箱中烘至恒重，将所得烘干残渣用质量分数为 15%的过氧化氢溶液在水浴上继续加热去除有机质，再蒸干至恒重，剩余残渣量即为可溶性盐分总量。

水土比和振荡提取时间影响土壤可溶性盐分的提取，故不能随意更改，以使测定结果具有可比性。此外，抽滤时尽可能快速，以减少空气中二氧化碳的影响。

（四）金属化合物

土壤中金属化合物的测定方法与第二章中金属化合物的测定方法基本相同，仅在预处理方法和测定条件方面有差异，故在此做简要介绍。

1. 铅、镉

铅和镉都是动、植物非必需的有毒有害元素，可在土壤中积累，并通过食物链进入人体。测定它们的方法多用原子吸收光谱法和原子荧光光谱法。

（1）石墨炉原子吸收光谱法

该方法的测定要点是：采用盐酸—硝酸—氢氟酸—高氯酸分解法，在聚四氟乙烯坩埚中消解 0. 1～0. 3 g 通过 0. 149 mm（100目）孔径筛的风干土样，使土样中的预测元素全部进入溶液，加入基体改进剂后定容。取适量溶液注入原子吸收分光光度计的石墨炉内，按照预先设定的干燥、灰化、原子化等升温程序，使铅、镉化合物解离为基态原子蒸气，对空心阴极灯发射的特征光进行选择性吸收，根据铅、镉对各自特征光的吸光度，用标准曲线法定量。土壤中铅、镉含量的计算式见铜、锌的测定。在加热过程中，为防止石墨管氧化，需要不断通入载气（氩气）。

（2）氢化物发生——原子荧光光谱法

该方法测定原理的依据：将土样用盐酸—硝酸—氢氟酸—高氯酸体系消解，彻底破坏矿物质晶格和有机质，使土样中的预测元素全部进入溶液。消解后的样品溶液经转移稀释后，在酸性介质中及有氧化剂或催化剂存在的条件下，样品中的铅或镉与硼氢化钾反应，生成挥发性铅的氢化物或镉的氢化物。以氩气为载气，将产生的氢化物导入原子荧光分光光度计的石英原子化器，在室温（铅）或低温（镉）下进行原子化，产生的基态铅原子或基态镉原子在特制铅空心阴极灯或镉空心阴极灯发射特征光的照射下，被激发至激发态，由于激发态的原子不稳定，瞬间返回基态，发射出特征波长的荧光，其荧光强度与铅或镉的含量成正比，通过将测得的样品溶液荧光强度与系列标准溶液荧光强度比较进行定量。

铅和镉测定中所用催化剂和消除干扰组分的试剂不同，需要分别取土样消解后的溶液测定，它们的检出限可达到：铅 1.8×10^{-9} g/mL，镉 8.0×10^{-12} g/mL。

2. 铜、锌

铜和锌是植物、动物和人体必需的微量元素，可在土壤中积累，当其含量超过最高允许浓度时，将会危害作物。测定土壤中的铜、锌，广泛采用火焰原子吸收光谱法。

火焰原子吸收光谱法测定原理的依据：用盐酸—硝酸—氢氟酸—高氯酸消解通过 0.149 mm 孔径筛的土样，使预测元素全部进入溶液，加入硝酸镧溶液（消除共存组分干扰），定容。将制备好的溶液吸入原子吸收分光光度计的原子化器，在空气—乙炔（氧化型）火焰中原子化，产生的铜、锌基态原子蒸气分别选择性地吸收由铜空心阴极灯、锌空心阴极灯发射的特征光，根据其吸光度用标准曲线法定量。

3. 镍

土壤中含少量镍对植物生长有益，镍也是人体必需的微量元素之一，但当其在土壤中积累超过允许量后，会使植物中毒；某些镍的化合物，如羟基镍毒性很大，是一种强致癌物质。

土壤中镍的测定方法有火焰原子吸收光谱法、分光光度法、等离子体发射光谱法等，以火焰原子吸收光谱法应用最为普遍。

火焰原子吸收光谱法的测定原理是：称取一定量土壤样品，用盐酸—硝酸—氢氟酸体系消解，消解产物经硝酸溶解并定容后，喷入空气—乙炔火焰，将含镍化合物解离为基态原子蒸气，测其对镍空心阴极灯发射的特征光的吸光度，用标准曲线法确定土壤中镍的含量。

测定时，使用原子吸收分光光度计的背景校正装置，以克服在紫外光区由于盐类颗粒物、分子化合物产生的光散射和分子吸收对测定的干扰。

4. **总汞**

天然土壤中汞的含量很低，一般为0.1～1.5 mg/kg，其存在形态有单质汞、无机化合态汞和有机化合态汞。其中，挥发性强、溶解度大的汞化合物易被植物吸收，如氯化甲基汞、氯化汞等。汞及其化合物一旦进入土壤，绝大部分被耕层土壤吸附固定。

测定土壤中的汞广泛采用冷原子吸收光谱法和冷原子荧光光谱法。

冷原子吸收光谱法的测定要点是：称取适量通过0.149 mm孔径筛的土样，用硫酸—硝酸—高锰酸钾或硝酸—硫酸—五氧化二钒消解体系消解，使土样中各种形态的汞转化为高价态。将消解产物全部转入冷原子吸收测汞仪的还原瓶中，加入氯化亚锡溶液，把汞离子还原成易挥发的汞原子，用净化空气载带入测汞仪吸收池，选择性地吸收低压汞灯辐射出的253.7 nm紫外线，测量其吸光度，与汞标准溶液的吸光度比较定量。方法的检出限为0.005 mg/kg。

冷原子荧光光谱法是将土样经混合酸体系消解后，加入氯化亚锡溶液将离子态汞还原为原子态汞，用载气带入冷原子荧光测汞仪的吸收池，吸收253.7 nm波长紫外线后，被激发而发射共振荧光，测量其荧光强度，与标准溶液在相同条件下测得的荧光强度比较定量。方法的检出限为0.05 μg/kg。

二、土壤环境质量评价

土壤环境质量评价涉及评价因子、评价标准和评价模式。评价因子数量及内容与评价目的和现实的经济技术条件密切相关。评价标准依据国家土壤环境质量标准、区域土壤背景值或相关行业（专业）土壤质量标准。环境保护部规定了土壤污染状况调查中土壤环境质量状况评价、土壤背景点环境评价和重点区域土壤污染评价的标准值和方法。评价模式常用污染指数法或者与其相关的评价方法。

（一）污染指数、超标率（倍数）评价

土壤环境质量评价一般以单项污染指数为主，指数小污染轻，指数大污染重。当区域内土壤环境质量作为一个整体与外区域进行比较或与历史资料进行比较时，除用单项污染指数外，还常用综合污染指数。土壤由于地区背景差异较大，用土壤污染累计指数更能反映土壤的人为污染程度。土壤污染物分担率可评价确定土壤的主要污染项目，按污染物分

担率由大到小排序，污染物主次也同此序。除此之外，土壤污染超标倍数、样本超标率等统计量也能反映土壤的环境状况。

（二）内梅罗污染指数评价

内梅罗污染指数反映了各污染物对土壤的作用，同时突出了高浓度污染物对土壤环境质量的影响，可按内梅罗污染指数划定污染等级。

（三）背景值及标准偏差评价

用区域土壤环境背景值（x）95%置信度的范围（$x \pm 2s$）来评价土壤环境质量，即若土壤某元素监测值 $x_1 < x - 2s$，则该元素缺乏或属于低背景土壤；若土壤某元素监测值在 $x \pm 2s$ 范围内，则该元素含量正常；若土壤某元素监测值 $x_1 > x + 2s$，则土壤已受该元素污染，或属于高背景土壤。

第四章　大气和废气监测

第一节　大气和废气监测方案制订及样品的处理

一、大气和废气监测方案制订

制订空气污染监测方案的程序同制订水和废水监测方案一样，首先要根据监测目的进行调查研究，收集相关的资料，然后经过综合分析，确定监测项目，布设监测点，选定采样频率、采样方法和监测方法，建立质量保证程序和措施，提出进度、安排计划和对监测结果报告的要求等。下面结合我国现行的技术规范，对空气污染监测方案的制订进行介绍。

（一）监测目的

首先，通过对环境空气中主要污染物进行定期或连续的监测，判断空气质量是否符合《环境空气质量标准》或环境规划目标的要求，为空气质量状况评价提供依据。

其次，为研究空气质量的变化规律和发展趋势，开展空气污染的预测预报，以及研究污染物迁移转化情况提供基础资料。

最后，为政府环境保护部门执行环境保护法规、开展空气质量管理及修订空气质量标准提供依据和基础资料。

（二）调研及资料收集

1. 污染源分布及排放情况

通过调查，将监测区域内的污染源类型、数量、位置、排放的主要污染物及排放量调查清楚，同时还应了解所用原料、燃料及其消耗量。注意将由高烟囱排放的较大污染源与由低烟囱排放的小污染源区别开来。因为小污染源的排放高度低，对周围地区地面空气中污染物浓度影响比高烟囱排放源大。另外，对于交通运输污染较重和有石油化工企业的地区，应区别一次污染物和由光化学反应产生的二次污染物。因为二次污染物是在空气中形成的，其高浓度处可能离污染源的位置较远，在布设监测点时应加以考虑。

2. 气象资料

污染物在空气中的扩散、迁移和一系列的物理、化学变化在很大程度上取决于当时当地的气象条件。因此，要收集监测区域的风向、风速、气温、气压、降水量、日照时间、相对湿度、温度垂直梯度和逆温层底部高度等资料。

3. 地形资料

地形对当地的风向、风速和大气稳定度等有影响，因此，它是设置监测网点应当考虑的重要因素。例如，工业区建在河谷地区时，出现逆温层的可能性大；位于丘陵地区的城市，市区内空气污染物的浓度梯度会相当大；位于海边的城市会受海、陆风的影响，而位于山区的城市会受山谷风的影响；等等。为掌握污染物的实际分布状况，监测区域的地形越复杂，要求布设的监测点越多。

4. 土地利用和功能区划情况

监测区域内土地利用及功能区划情况也是设置监测网点应考虑的重要因素之一。不同功能区的污染状况是不同的，如工业区、商业区、混合区、居民区等。还可以按照建筑物的密度、有无绿化地带等做进一步分类。

5. 人口分布及人群健康情况

环境保护的目的是维护自然环境的生态平衡，保护人群的健康，因此，掌握监测区域的人口分布，居民和动植物受空气污染的危害情况及流行性疾病等资料，对制订监测方案、分析判断监测结果是有益的。

此外，对于监测区域以往的监测资料等也应尽量收集，供制订监测方案参考。

（三）监测项目

空气中的污染物种类繁多，应根据《环境空气质量标准》规定的污染物项目来确定监测项目。对于国家空气质量监测网的监测点，须开展必测项目的监测；对于国家空气质量监测网的背景点及区域环境空气质量监测网的对照点，还应开展部分或全部选测项目的监测。

（四）监测站（点）和采样点的布设

监测区域内的监测站（点）总数确定后，可采用经验法、统计法、模拟法等进行监测站（点）布设。

经验法是常采用的方法，特别是对尚未建立监测网或监测数据积累少的地区，需要凭借经验确定监测站（点）的位置。其具体方法有：

1. 功能区布点法

功能区布点法多用于区域性常规监测。先将监测区域划分为工业区、商业区、居民区、工业和居民混合区、交通稠密区、清洁区等，再根据具体污染情况和人力、物力条件，在各功能区设置一定数量的采样点。各功能区的采样点数量不要求平均，在污染源集中的工业区和人口较密集的居民区多设采样点。

2. 网格布点法

这种布点法是将监测区域划分成若干个均匀网状方格，采样点设在两条直线的交点处或网格中心。网格大小根据污染源强度、人口分布及人力、物力条件等确定。若主导风向明显，下风向设采样点应多一些，一般约占采样点总数的60%。对于有多个污染源，且污染源分布较均匀的地区，常采用这种布点方法。它能较好地反映污染物的空间分布；如将网格划分得足够小，则可将监测结果绘制成污染物浓度空间分布图，对指导城市环境规划和管理具有重要意义。

（五）采样频率和采样时间

采样频率系指在一个时段内的采样次数。采样时间指每次采样从开始到结束所经历的时间。二者要根据监测目的、污染物分布特征、分析方法灵敏度等因素确定。例如，为监测空气质量的长期变化趋势，连续或间歇自动采样测定为最佳方式；突发性环境污染事故等的应急监测要求快速测定，采样时间尽量短；对于一级环境影响评价项目，要求不得少于夏季和冬季两期监测，每期应取得有代表性的7天监测数据，每天采样监测不少于6次（2：00、7：00、10：00、14：00、16：00、19：00）。

（六）采样方法、监测方法和质量保证

采集空气样品的方法和仪器要根据空气中污染物的存在状态、浓度、物理化学性质及所用监测方法选择，在各种污染物的监测方法中都规定了相应的采样方法。

和水质监测一样，为获得准确和具有可比性的监测结果，应采用规范化的监测方法。监测空气污染物应用最多的方法还是分光光度法和气相色谱法，其次是荧光光谱法、液相色谱法、原子吸收光谱法等。但是，随着分析技术的发展，对一些含量低、难分离、危害大的有机污染物，越来越多地采用仪器联用方法进行测定，如气相色谱-质谱（GC-MS）、液相色谱-质谱（LC-MS）、气相色谱-傅里叶变换红外光谱（GC-FTIR）等联用技术。

二、大气样品和废气样品的采集方法与采样仪器

（一）大气样品和废气样品的采集方法

气体采样方法的选择与污染物在气体中存在的状态密切相关，气体中的污染物从形态上分为气态和颗粒态两种。推荐的采样方法有 24 h 连续采样、间断采样和无动力采样。以气态或气溶胶态两种形态存在的半挥发性有机物（SVoCs）通常进行主动采样。

1. 24 h 连续采样

24 h 连续采样指 24 h 连续采集一个空气样品，监测污染物日平均浓度的采样方式，适用于环境空气中的 SO_2、NO_2、PM10、PM2. 5、TSP、苯并［a］芘、氟化物和铅等采样。

（1）气态污染物连续采样

气态污染物连续采样设备一般需要设立采样亭，便于安放采样系统各组件。采样亭的面积及其空间大小应视合理安放采样装置、便于采样操作而定。一般面积应不小于 5 m^2，采样亭墙体应具有良好的保温和防火性能，室内温度应维持在（25±5）℃。

气态污染物采样系统由采样头、采样总管、采样支管、引风机、气体样品吸收装置及采样器等组成。采样总管和采样支管应定期清洗，周期视当地空气湿度、污染状况确定。采样前进行气密性、采样流量、温度控制系统及时间控制系统检查。

采样流量检查：用经过检定合格的流量计校验采样系统的采样流量，每月至少一次，每月流量误差应小于 5%，若误差超过此值，应清洗限流孔或更换新的限流孔。限流孔清洗或更换后，应对其进行流量校准。

主要采样过程：将装有吸收液的吸收瓶（内装 50 L 吸收液）连接到采样系统中。启动采样器，进行采样。记录采样流量、开始采样时间、温度和压力等参数。

采样结束后，取下样品，并将吸收瓶进、出口密封，记录采样结束时间、采样流量、温度和压力等参数。

（2）颗粒物连续采样

颗粒物监测的采样系统由颗粒物切割器、滤膜、滤膜夹和颗粒物采样器组成，或者由滤膜、滤膜夹和具有符合切割特性要求的采样器组成。采样前采样器要进行流量校准。

采样过程为：打开采样头顶盖，取出滤膜夹，用清洁干布擦掉采样头内滤膜夹及滤膜支持网表面上的灰尘，将采样滤膜毛面向上，平放在滤膜支持网上。同时核查滤膜编号，放上滤膜夹，拧紧螺丝，以不漏气为宜，安好采样头顶盖，启动采样器进行采样。记录采样流量、开始采样时间、温度和压力等参数。

采样结束后，取下滤膜夹，用镊子轻轻夹住滤膜边缘，取下样品滤膜，并检查在采样过程中滤膜是否有破裂现象，或滤膜上灰尘的边缘轮廓不清晰的现象。若有，则该样品膜作废，须重新采样。确认无破裂后，将滤膜的采样面向里对折两次放入与样品膜编号相同的滤膜袋（盒）中。记录采样结束时间、采样流量、温度和压力等参数。

2. 间断采样

间断采样是指在某一时段或一小时内采集一个环境空气样品，监测该时段或该小时环境空气中污染物的平均浓度所采用的采样方法。

气态污染物间断采样系统由气样捕集装置、滤水井和气体采样器组成。

根据环境空气中气态污染物的理化特性及其监测分析方法的检测限，可采用相应的气样捕集装置，通常采用的气样捕集装置包括装有吸收液的多孔玻璃筛板吸收瓶（管）、气泡式吸收瓶（管）、冲击式吸收瓶、装有吸附剂的采样支管、聚乙烯或铝箔袋、采气瓶、低温冷缩管及注射器等。当多孔玻板吸收瓶装有 10 mL 吸收液，采样流量为 0.5 L/min 时，阻力应为（4.7±0.7）kPa，且采样时多孔玻板上的气泡应分布均匀。

采样前应根据所监测项目及采样时间，准备待用的气样捕集装置或采样器。按要求连接采样系统，并检查连接是否正确。检查采样系统是否有漏气现象，若有，应及时排除或更换新的装置。启动抽气泵，将采样器流量计的指示流量调节至所需采样流量。用经检定合格的标准流量计对采样器流量计进行校准。

采样程序为：将气样捕集装置串联到采样系统中，核对样品编号，并将采样流量调至所需的采样流量，开始采样。记录采样流量、开始采样时间、气样温度、压力等参数。气样温度和压力可分别用温度计和气压表进行同步现场测量。

采样结束后，取下样品，将气体捕集装置进、出气口密封，记录采样流量、采样结束时、气样温度、压力等参数。按相应项目的标准监测分析方法要求运送和保存待测样品。

颗粒物的间断采样与其连续采样的方法基本一致。

3. 无动力采样

无动力采样是指将采样装置或气样捕集介质暴露于环境空气中，不需要抽气动力，依靠环境空气中待测污染物分子的自然扩散、迁移沉降等作用而直接采集污染物的采样方式。其监测结果可代表一段时间内待测环境空气污染物的时间加权平均浓度或浓度变化趋势。

污染物无动力采样时间及采样频次，应根据监测点位环境空气中污染物的浓度水平、分析方法的检出限及不同监测目的确定。通常，硫酸盐化速率及氟化物采样时间为 7～30 天。但要获得月平均浓度值，样品的采样时间应不少于 15 天。具体采样过程可参见具体污染物的采样分析方法标准。

（二）大气样品和废气样品的采样仪器

将收集器、流量计、采样动力及气样预处理、流量调节、自动定时控制等部件组装在一起，就构成了专用采样器。有多种型号的商品空气采样器出售，按其用途可分为空气采样器、颗粒物采样器和个体采样器。

1. 空气采样器

用于采集空气中气态和蒸气态物质，采样流量为0.5～2.0 L/min，一般可用交流、直流两种电源供电。

2. 颗粒物采样器

颗粒物采样器有总悬浮颗粒物（TSP）采样器和可吸入颗粒物（PM10）采样器。

（1）总悬浮颗粒物采样器

这种采样器按其采气流量大小分为大流量、中流量和小流量三种类型。

大流量采样器由滤料采样夹、抽气风机、流量控制器、流量记录仪、工作计时器及其程序控制器、壳体等组成。滤料采样夹可安装20 cm×25 cm的玻璃纤维滤膜，以1.1～1.7 m/min流量采样8～24 h。当采气量达1500～2000 m^3时，样品滤膜可用于测定颗粒物中的金属、无机盐及有机污染物等组分。

中流量采样器由采样夹、流量计、采样管及采样泵等组成。这种采样器的工作原理与大流量采样器相似，只是采样夹面积和采样流量比大流量采样器小。我国规定采样夹有效直径为80 mm或100 mm。当用有效直径80 mm滤膜采样时，采气流量控制在7.2～9.6 m^3/h；当用有效直径100 mm滤膜采样时，采气流量控制在11.3～15 m^3/h。

（2）可吸入颗粒物采样器

采集可吸入颗粒物（PM10）广泛使用大流量采样器。在连续自动监测仪器中，可采用静电捕集法、β射线吸收法或光散射法直接测定PM10浓度。但不论哪种采样器都装有分离粒径大于10 μm颗粒物的装置（称为分尘器或切割器），分尘器有旋风式、向心式、撞击式等多种。它们又分为二级式和多级式。前者用于采集粒径10 μm以下的颗粒物，后者可分级采集不同粒径的颗粒物，用于测定颗粒物的粒度分布。

二级旋风式分尘器在工作时，高速空气沿180°渐开线进入分尘器的圆筒体，形成旋转气流，在惯性离心力的作用下，将颗粒物甩到筒壁上并继续向下运动，粗颗粒物在不断与筒壁碰撞中失去前进的能量而落入大颗粒物收集器内，细颗粒物随气流沿气体排出管上升，被过滤器的滤膜捕集，从而将粗、细颗粒物分开。

向心式分尘器原理为：当气流从气流喷孔高速喷出时，因所携带的颗粒物质量大小不同，惯性也不同，颗粒物质量越大，惯性越大，不同粒径的颗粒物各有一定的运动轨迹，其中，质量较大的颗粒物运动轨迹接近中心轴线，最后进入锥形收集器被底部的滤膜收集；质量较小的颗粒物惯性小，离中心轴线较远，偏离锥形收集器入口，随气流进入下一级。第二级的气流喷孔直径和锥形收集器的入口孔径变小，二者之间距离缩短，使小一些的颗粒物被收集。第三级的气流喷孔直径和锥形收集器的入口孔径又比第二级小，其间距离更短，所收集的颗粒物更细。如此经过多级分离，剩下的极细颗粒物到达最底部，被夹持的滤膜收集。

撞击式分尘器的工作原理为：当含颗粒物的气体以一定速度由喷孔喷出后，颗粒物获得一定的动能并且有一定的惯性。在同一喷射速度下，粒径（质量）越大，惯性越大，因此，气流从第一级喷孔喷出后，惯性大的大颗粒物难以改变运动方向，与第一级捕集板碰撞被沉积下来，而惯性较小的小颗粒物则随气流绕过第一级捕集板进入第二级喷孔。因第二级喷孔较第一级小，故喷出颗粒物动能增加，速度增大，其中惯性较大的颗粒物与第二级捕集板碰撞而沉积，而惯性较小的颗粒物继续向下一级运动。如此一级一级地进行下去，则气流中的颗粒物由大到小地被分开，沉积在各级捕集板上，最末级捕集板用玻璃纤维滤膜代替，捕集更小的颗粒物。以此制成的采样器可以设计为三级到六级，也有八级的，称为多级撞击式采样器。单喷孔多级撞击式采样器采样面积有限，不宜长时间连续采样，否则会因捕集板上堆积颗粒物过多而造成损失。多喷孔多级撞击式采样器捕集面积大，其中应用较普遍的一种称为安德森采样器，由八级组成，每级有200～400个喷孔，最后一级也是用玻璃纤维滤膜代替捕集板捕集小颗粒物。安德森采样器捕集颗粒物的粒径范围为0.34～11 μm。

可吸入颗粒物采样器必须用标准粒子发生器制备的标准粒子进行校准，要求在一定采样流量时，采样器的捕集效率在50%以上，截留点的粒径（D50）为（10±1）μm。

3. 个体采样器

个体采样器主要用于研究空气污染物对人体健康的危害。其特点是体积小、质量小，佩戴在人体上可以随人的活动连续地采样反映人体实际吸入的污染物量。扩散法采样剂量器由外壳、扩散层和收集剂三部分组成，其工作原理是空气通过剂量器外壳通气孔进入扩散层，则被收集组分分子也随之通过扩散层到达收集剂表面被吸附或吸收。收集剂为吸附剂、化学试剂浸渍的惰性颗粒物质或滤膜，如用吗啡啉浸渍的滤膜可采集大气中的SO_2等。渗透法采样剂量器由外壳、渗透膜和收集剂组成。渗透膜为有机合成薄膜，如硅酮膜等；收集剂一般用吸收液或固体吸附剂，装在具有渗透膜的盒内，气体分子通过渗透膜到达收集剂被收集，如空气中的H_2S通过二甲基硅酮膜渗透到含有乙二胺四乙酸二钠的0.2 mol/L的氢氧化钠溶液而被吸收。

第二节　大气环境质量的监测

大气中的有害物质是多种多样的，不同地区的污染类型和排放污染物种类不尽相同，因此，在进行大气质量评价时，应根据各地的实际情况确定需要监测的大气环境指标。监测分析方法首先选择国家颁布的标准分析方法。环境空气质量监测的基本项目有 PM10、PM2.5、二氧化硫、二氧化氮、一氧化碳和臭氧六种，其他监测项目有总悬浮颗粒物、氮氧化物、铅和苯并［a］芘四种。下面结合相应的国家标准分类介绍常见大气污染物的检测方法。

一、颗粒物（PM10、PM2.5 和 TSP）的测定

大气颗粒物是指悬浮在大气中的固态或液态颗粒物，根据其粒径大小，分为总悬浮颗粒物 TSP（空气动力学当量直径小于或等于 100 μm）、可吸入颗粒物 PM10（空气动力学当量直径小于或等于 10 μm）和细颗粒物 PM2.5（空气动力学当量直径小于或等于 2.5μm）。近年来，随着我国社会经济的快速发展，多个地区接连出现以颗粒物（PM10 和 PM2.5）为特征污染物的灰霾天气，大气颗粒物已成为长期影响我国环境空气质量的首要污染物。一般可将颗粒物排放源分为固定燃烧源、生物质开放燃烧源、工业工艺过程源和移动源。颗粒物是大气污染物中数量最大、成分复杂、性质多样、危害较大的常规监测项目，它本身可以是有毒物质，还可以是其他有毒有害物质在大气中的运载体、催化剂或反应床。在某些情况下，颗粒物质与所吸附的气态或蒸气态物质结合，会产生比单个组分更大的协同毒性作用。因此，对颗粒物质的研究是控制大气污染的一个重要内容。

大气中颗粒物质的检测项目有可吸入颗粒物（PM10）、细颗粒物（PM2.5）和总悬浮颗粒物（TSP）等。

（一）PM10 和 PM2.5 的测定

测定 TSP、PM10 和 PM2.5 的手工监测方法主要为重量法，PM10 和 PM2.5 连续监测系统所配置监测仪器的测量方法一般为微量振荡天平法和 β 射线法。

1. 重量法

PM2.5 和 PM10 重量法的原理：分别通过具有一定切割特性的采样器，以恒速抽取定量体积的空气，使环境空气中的 PM2.5 和 PM10 被截留在已知质量的滤膜上，根据采样前后滤膜的质量差和采样体积，计算出 PM2.5 和 PM10 的浓度。

PM2.5 或 PM10 采样器由采样入口、PM10 或 PM2.5 切割器、滤膜夹、连接杆、流量测量及控制装置、抽气泵等组成。采样器通过流量测量及控制装置控制抽气泵以恒定流量（工作点流量）抽取环境空气，环境空气样品以恒定的流量依次经过采样入口、PM10 或 PM2.5 切割器，颗粒物被捕集在滤膜上，气体经流量计、抽气泵由排气口排出。采样器实时测量流量计计前压力、计前温度、环境大气压、环境温度等参数对采样流量进行控制。

工作点流量是指采样器在工作环境条件下，采样流量保持定值，并能保证切割器切割特性的流量。对 PM10 或 PM2.5 采样器的工作点流量不做必须要求，一般大、中、小流量采样器的工作点流量分别为 1.05 m^3/min、100 L/min、16.67 L/min。

PM10 切割器和采样系统的技术指标为：切割粒径 D_{a50} =（10±0.5）μm；捕集效率的几何标准差为 σ =（1.5±0.1）μm。PM2.5 切割器和采样系统的技术指标为：切割粒径 D_{a50} =（2.5±0.2）μm；捕集效率的几何标准差为 σ_g =（1.2±0.1）μm。D_{a50}表示 50%切割粒径，指切割器对颗粒物的捕集效率为 50%时所对应的粒子空气动力学当量直径。捕集效率的几何标准差表述为捕集效率为 16%时对应的粒子空气动力学当量直径与捕集效率为 50%时对应的粒子空气动力学当量直径的比值。

切割器应定期清洗，一般累计采样 168 h 应清洗一次，如遇扬尘、沙尘暴等恶劣天气，应及时清洗。

2. 连续自动监测法

微量振荡天平法是在质量传感器内使用一个振荡空心锥形管，在其振荡端安装可更换的滤膜，振荡频率取决于锥形管的特征和质量。当采样气流通过滤膜，其中的颗粒物沉积在滤膜上，滤膜的质量变化导致振荡频率的变化，通过振荡频率变化计算出沉积在滤膜上颗粒物的质量，再根据流量、现场环境温度和气压计算出该时段 PM10 和 PM2.5 颗粒物的浓度。

3. β 射线法

β 射线法是利用 β 射线衰减的原理，环境空气由采样泵吸入采样管，经过滤膜后排出，颗粒物沉积在滤膜上，当 β 射线通过沉积着颗粒物的滤膜时，β 射线的能量衰减，通过对衰减量的测定便可计算出 PM10 和 PM2.5 颗粒物的浓度。

（二）总悬浮颗粒物的测定

总悬浮颗粒物（Total Suspended Particulate Matter，TSP）可分为一次颗粒物和二次颗粒物。一次颗粒物是由天然污染源和人为污染源释放到大气中直接造成污染的物质，如风扬起的灰尘、燃烧和工业烟尘；二次颗粒物则是通过某些大气化学过程所产生的微粒，如二氧化硫转化生成硫酸盐。具有切割特性的采样器，以恒速抽取定量体积的空气，空气中悬浮颗粒物被截留在已恒重的滤膜上。根据采样前、后滤膜质量之差及采样体积，计算总悬浮颗粒物的浓度。

该方法适用于大流量或中流量总悬浮颗粒物采样器（简称采样器）进行空气中总悬浮颗粒物的测定，但不适用于总悬浮颗粒物含量过高或雾天采样使滤膜阻力大于 10 kPa 时情况。该方法的检测下限为 0.001 mg/m^3。当对滤膜经选择性预处理后，可进行相关组分分析。

当两台总悬浮颗粒物采样器安放位置相距不大于 4 m、不少于 2 m 时，同样采样测定总悬浮颗粒物的含量，相对偏差不大于 15%。

二、气态污染物的测定

大气中的含硫污染物主要有 H_2S、SO_2、SO_3、CS_2、H_2SO_4，和各种硫酸盐，主要来源于煤和石油燃料的燃烧、含硫矿石的冶炼、硫酸等化工产品生产排放的废气。

（一）SO_2 的测定

SO_2 是主要空气污染物之一，为例行监测的必测项目。它来源于煤和石油等燃料的燃烧、含硫矿石的冶炼、硫酸等化工产品生产排放的废气。SO_2 是一种无色、易溶于水、有刺激性气味的气体，能通过呼吸进入气管，对局部组织产生刺激和腐蚀作用，是诱发支气管炎等疾病的原因之一，特别是当它与烟尘等气溶胶共存时，可加重对呼吸道黏膜的损害。

测定空气中 SO_2，常用的方法有分光光度法、紫外荧光光谱法、电导法、库仑滴定法和气相色谱法。其中，紫外荧光光谱法和电导法主要用于自动监测。

（二）氮氧化物的测定

空气中的氮氧化物以一氧化氮、二氧化氮、三氧化二氮、四氧化二氮、五氧化二氮等多种形态存在，其中一氧化氮和二氧化氮是主要存在形态，为通常所指的氮氧化物（NO_x）。它们主要来源于化石燃料高温燃烧和硝酸、化肥等生产工业排放的废气，以及汽车尾气。

NO 为无色、无臭、微溶于水的气体，在空气中易被氧化成 NO_2。NO_2 为红棕色具有强烈刺激性气味的气体，毒性比 NO 高四倍，是引起支气管炎、肺损伤等疾病的有害物质。空气中 NO_2 常用的测定方法有盐酸萘乙二胺分光光度法、化学发光分析法及原电池库仑滴定法。

（三）CO 的测定

一氧化碳（CO）是空气中的主要污染物之一，它主要来自石油、煤炭燃烧不充分的产物和汽车尾气；一些自然现象如火山喷发、森林火灾等也是来源之一。

CO 是一种无色、无臭的有毒气体，燃烧时呈淡蓝色火焰。它容易与人体血液中的血红蛋白结合，形成碳氧血红蛋白，使血液输送氧的能力降低，造成缺氧症。中毒较轻时，会出现头痛、疲倦、恶心、头晕等感觉；中毒严重时，则会发生心悸、昏迷、窒息甚至造成死亡。

测定空气中 CO 的方法有非色散红外吸收法、气相色谱法、定电位电解法、汞置换法等。其中，非色散红外吸收法常用于自动监测。

（四）O_3的测定

臭氧是最强的氧化剂之一，它是空气中的氧在太阳紫外线的照射下或在闪电的作用下形成的。臭氧具有强烈的刺激性，在紫外线的作用下，参与烃类和 NO_x 的光化学反应。同时，臭氧又是高空大气的正常组分，能强烈吸收紫外线，保护人和其他生物免受太阳紫外线的辐射。但是，O_3超过一定浓度，对人体和某些植物生长会产生一定危害。近地面空气中可测到 0.04～0.1 mg/m^3的 O_3。

目前测定空气中 O_3，广泛采用的方法有硼酸碘化钾分光光度法、靛蓝二磺酸钠分光光度法、化学发光分析法和紫外吸收法。其中，化学发光分析法和紫外吸收法多用于自动监测。

（五）氟化物的测定

空气中的气态氟化物主要是氟化氢，也可能有少量氟化硅（SiF_4）和氟化碳（CF_4）。含氟粉尘主要是冰晶石（Na_3AlF_6）、萤石（CaF_2）、氟化铝（AlF_3）、氟化钠（NaF）及磷灰石［$3Ca_3(PO_4)_2 \cdot Caf_2$］等。氟化物污染主要来源于铝厂、冰晶石和磷肥厂、用硫酸处理萤石及制造和使用氟化物、氢氟酸等部门排放或逸散的气体和粉尘。氟化物属高毒类物质，由呼吸道进入人体，刺激黏膜、引起中毒等症状，并能影响各组织和器官的正常生理功能。由于氟化物对植物的生长也会产生危害，因此，人们已利用某些敏感植物监测空气中的氟化物。

测定空气中氟化物的方法有分光光度法、离子选择电极法等。离子选择电极法具有简便、准确、灵敏和选择性好等优点，是广泛采用的方法。

（六）其他污染物质的测定

空气中气态和蒸气态污染物质是多种多样的，由于不同地区排放污染物质的种类不尽相同，评价环境空气质量时，往往还需要测定其他污染组分，下面再简要介绍几种有机污染物的测定。

1. 苯系物的测定

苯系物包括苯、甲苯、乙苯、邻二甲苯、对二甲苯、间二甲苯等，可经富集采样、解吸，用气相色谱法测定。常用活性炭吸附或低温冷凝法采样，二硫化碳洗脱或热解吸后进样，经 PEG-6000 柱分离，用火焰离子化检测器检测。根据保留时间定性，根据峰高（或峰面积）利用标准曲线法定量。

2. 挥发酚的测定

常用气相色谱法或 4-氨基安替比林分光光度法测定空气中的挥发酚（苯酚、甲酚、二甲酚等）。

气相色谱法测定挥发酚用 GDX-502 采样管吸附采样，三氯甲烷解吸后进样，经液晶 PBOB 色谱柱分离，用火焰离子化检测器检测，根据保留时间定性，根据峰高（或峰面积）利用标准曲线法定量。

4-氨基安替比林分光光度法用装有碱性溶液的吸收瓶采样，经水蒸气蒸馏除去干扰物，馏出液中的酚在铁氰化钾存在条件下，与 4-氨基安替比林反应，生成红色的安替比林染料，于 460 nm 处测其吸光度，以标准曲线法定量。当酚浓度低时，可用三氯甲烷萃取安替比林染料后测定。

3. 甲基对硫磷和敌百虫的测定

甲基对硫磷（甲基 1605）是我国广泛应用的杀虫剂，属高毒物质。常用的测定方法有气相色谱法、盐酸萘乙二胺分光光度法，后者干扰因素较多。

气相色谱法用硅胶吸附管采样，丙酮洗脱，DC550 和 OV-210/chromo SOrb WHP 色谱柱分离，火焰光度检测器测定，以峰高（或峰面积）标准曲线法定量。也可以用酸洗 101 白色担体采样管采样，乙酸乙酯洗脱，经 OV-17 shimalite WAW DMCS 柱分离，用火焰离子化检测器测定。

敌百虫的化学名称为 O，O-二甲基-（2，2，2-三氯-1-羟基乙基）磷酸酯，是一种低毒有机磷杀虫剂，常用硫氰酸汞分光光度法测定。测定原理为：用内装乙醇溶液的多孔筛板吸收管采样，在采样后的吸收液中加入碱溶液，使敌百虫水解，游离出氯离子，再在高氯酸、高氯酸铁和硫氰酸汞存在的条件下，使氯离子与硫氰酸汞反应，置换出硫氰酸根离子，并与铁离子生成橙红色的硫氰酸铁，于 470 nm 处用分光光度法间接测定敌百虫浓度。空气中的氯化氢、颗粒物中的氯化物及水解后生成氯离子的其他有机氯化合物干扰测定，可另测定在中性水溶液中不经水解的样品中氯离子的含量，再从水解样品测得的总氯离子含量中扣除。

4. 二噁英类的测定

二噁英类是多氯代二苯并对二噁英（PCDDs）和多氯代二苯并呋喃（PCDFs）的统称，共有 210 种同类物。二噁英类是一类非常稳定的亲脂性化合物，其分解温度大于 700 ℃，极难溶于水，可溶于大部分有机溶剂，因此二噁英类容易在生物体内积累。作为环境内分泌干扰物，二噁英类不仅可以引起免疫系统损伤和生殖障碍，还被认为具有很强的致癌性。

二噁英类的测定是利用滤膜和吸附材料对环境空气或废气中的二噁英类进行采样，采集的样品加入^{13}C标记或^{37}Cl标记化合物作为内标物，分别对滤膜和吸附材料进行处理得到样品提取液，再经过净化和浓缩转化为最终分析样品溶液，用高分辨气相色谱—高分辨质谱（HRGC-HRMS）法进行定性和定量分析。

三、环境空气颗粒物中铅的测定

大气中铅的来源有天然因素和非天然因素。天然因素包括地壳侵蚀、火山喷发、海啸等将地壳中的铅释放到大气中；非天然因素主要指来自工业、交通方面的铅排放。研究认为，非自然性排放是铅污染的主要来源，并以含铅汽油燃烧的排铅量为最高，是全球环境铅污染的主要因素。

大气中的铅大部分颗粒直径为 0.5 μm 或更小，因此可以长时间地飘浮在空气中。如果接触高浓度的含铅气体，就会引起严重的急性中毒症状，但这种状况比较少见。常见的是长期吸入低浓度的含铅气体，引起慢性中毒症状，如头昏、头痛、全身无力、失眠、记忆力减退等神经系统综合征。铅还有高度的潜在致癌性，其潜伏期长达 20～30 年。

测定大气颗粒物中铅的方法有火焰原子吸收分光光度法、石墨炉原子吸收分光光度法和电感耦合等离子体质谱法。

（一）火焰原子吸收分光光度法

火焰原子吸收分光光度法测定铅的方法原理：用玻璃纤维滤膜采集的试样，经硝酸—过氧化氢溶液浸出制备成试样溶液，并直接吸入空气—乙炔火焰中原子化，在 283.3 nm 处测量基态原子对空心阴极灯特征辐射的吸收。在一定条件下，吸光度与待测样中的 Pb 浓度成正比，根据标准工作曲线进行定量。

当采样体积为 50 m^3 进行测定时，最低检出浓度为 $5\times10^{-4}mg/m^3$。

（二）石墨炉原子吸收分光光度法

方法基本原理：用乙酸纤维或过氧乙烯等滤膜采集环境空气中的颗粒物样品，经消解后制备成试样溶液，用石墨炉原子吸收分光光度计测定试样中铅的浓度。

该方法检出限为 0.05 μg/50 mL 试样溶液。

（三）电感耦合等离子体质谱法

电感耦合等离子体质谱法（ICP-MS）适用于环境空气 PM2.5、PM10、TSP 以及无组织排放和污染源废气颗粒物中铅等多种金属元素的测定。方法及原理为：使用滤膜采集环境空气中的颗粒物，使用滤筒采集污染源废气中的颗粒物，采集的样品经预处理（微波消解或电热板消解）后，利用电感耦合等离子体质谱仪测定各金属元素的含量。

当空气采样量为 150 m^3（标准状态），污染源废气采样量为 0.600m^3（标准状态干烟气）时，方法检出限分别为 0.6 $\mu g/m^3$ 和 0.2 $\mu g/m^3$。

（四）大气中苯并［a］芘的测定

大气中的苯并［a］芘主要来自热电工业、工业过程炼焦及催化裂解、废物和开放性燃烧、各类车辆释放的尾气、烹调的油烟等苯并［a］芘是环境中普遍存在的一种强致癌物质。

测定空气颗粒物中的苯并［a］芘要经过提取、分离和测定等步骤。测定苯并［a］芘的主要方法有乙酰化滤纸层析-荧光分光光度法、高压液相色谱法、紫外分光光度法等。由于高压液相色谱法可分离分析沸点高、热稳定性差、相对分子质量大于 400 的有机化合物，并具有分离效果好、灵敏度高、测定速度快等特点，是较为普遍采用的测定大气中苯并［a］芘的方法。

1. 液相色谱法

液相色谱法的基本原理：将采集在玻璃纤维滤膜上的颗粒物中的苯并［a］芘（简称 B［a］P）及一切有机溶剂可溶物，用环己烷在水浴上以索氏提取器连续加热提取。提取液注入高效液相色谱，通过色谱柱的 B［a］P 与其他化合物分离，然后用荧光检测器对其进行定量测定。

该方法用大流量采样器（流量为 1.13 m^3/min）连续采集 24 h，乙腈/水做流动相，最低检出浓度为 6×10^{-5} $\mu g/m^3$；甲醇/水做流动相，最低检出浓度为 1.8×10^{-4} $\mu g/m^3$。

2. 乙酰化滤纸层析-荧光分光光度法

方法基本原理：B［a］P 易溶于咖啡因水溶液、环己烷、苯等有机溶剂中。将采集在玻璃纤维滤膜上的颗粒物的 B［a］P 及一切有机溶剂可溶物，用环己烷在水浴上以索氏提取器连续加热提取后进行浓缩，并用乙酰化滤纸层析分离。B［a］P 斑点用丙酮洗脱后用荧光分光光度法定量测定，测定发射波长为 402 nm、405 nm 和 408 nm 的荧光强度。用窄基线法计算出标准 B［a］P 和样品中 B［a］P 的相对荧光强度 F，再由下式计算出空气颗粒物中 B［a］P 的含量：

$$F=\frac{F_{402\ \mathrm{nm}}+F_{408\ \mathrm{nm}}}{2}$$

$$c=\frac{F}{F_{\mathrm{S}}}\times W_{\mathrm{S}}\times\frac{K}{V_{\mathrm{n}}}\times 100$$

式中：F ——样品洗脱液相对荧光强度；

F_{S}——标准 B［a］P 洗脱液相对荧光强度；

c——环境空气可吸入颗粒物中 B［a］P 的浓度，μg/100 m^3；

V_{n}——标准状态下的采样体积，m^3；

W_{s}——标准 B［a］P 的点样量，μg；

K——环己烷提取液总体积与浓缩时所取的环己烷提取液的体积比。

该方法的检测下限为 0.001 μg/5mL；当采样体积为 40 m^3 时，最低检出浓度为 0.002 μg/100m^3。

第三节　废气污染源的监测

空气污染源包括固定污染源和流动污染源。固定污染源又分为有组织排放源和无组织排放源。有组织排放源指烟道、烟囱及排气筒等。无组织排放源指设在露天环境中的无组织排放设施或无组织排放的车间、工棚等。它们排放的废气中既含有固态的烟尘和粉尘，也含有气态和气溶胶态的多种有害物质。流动污染源指汽车、火车、飞机、轮船等交通运输工具排放的废气，含有一氧化碳、氮氧化物、碳氢化合物、烟尘等。

一、固定污染源的监测

（一）监测目的和要求

监测目的：检查排放的废气中有害物质的含量是否符合国家或地方的排放标准和总量控制标准；评价净化装置及污染防治设施的性能和运行情况，为空气质量评价和管理提供依据。

进行监测时，要求生产设备处正常运转状态下，对因生产过程引起排放情况变化的污染源，应根据其变化特点和周期进行系统监测。

监测内容包括废气排放量、污染物质排放浓度及排放速率（质量流量，kg/h）。

在计算废气排放量和污染物质排放浓度时，都使用标准状况下的干气体体积。

（二）采样点的布设

采样位置是否正确，采样点数目是否适当，是决定能否获得代表性的废气样品和能否尽可能地节约人力、物力的很重要的工作，因此，应在调查研究的基础上，综合分析后确定。

1. 采样位置

采样位置应选在气流分布均匀稳定的平直管段上，避开弯头、变径管、三通管及阀门等易产生涡流的阻力构件。一般原则是按照废气流向，将采样断面设在阻力构件下游方向大于6倍管道直径处或上游方向大于3倍管道直径处。对于矩形烟道，其等效直径 $D=2AB/(A+B)$，其中 A、B 为断面边长。即使客观条件难以满足要求，采样断面与阻力构件的距离也不应小于管道直径的1.5倍。并适当增加采样点数目和采样频率。采样断面气流流速最好在5 m/s以下。此外，由于水平管道中的气流流速与污染物的浓度分布不如垂直管道中均匀，所以应优先考虑垂直管道，还要考虑方便、安全等因素。

2. 采样点数目

由于烟道内同一断面上各点的气流流速和烟尘浓度分布通常是不均匀的，所以必须按照一定原则进行多点采样。采样点的位置和数目主要根据烟道断面的形状、尺寸大小和流速分布情况确定。

（1）圆形烟道

在选定的采样断面上设两个相互垂直的采样孔，将烟道断面分成一定数量的同心等面积圆环，沿着两个采样孔中心线设四个采样点。若采样断面上气流流速较均匀，可设一个采样孔，采样点数减半。当烟道直径小于0.3 m，且气流流速均匀时，可在烟道中心设一个采样点。不同直径圆形烟道的等面积圆环数、测量直径数及采样点数不同，原则上采样点应不超过20个。

（2）矩形烟道

将烟道断面分成一定数目的等面积矩形小块，各小块中心即为采样点位置。矩形小块的数目可根据烟道断面面积，按照表4-1所列数据确定。

表 4-1　矩形烟道的分块和采样点数

烟道断面面积	等面积矩形小块的边长/m	采样点数
<0.1	<0.32	1
0.1～0.5	<0.35	1～4
0.5～1.0	<0.50	4～6
0.1～4.0	<0.67	6～9
4.0～9.0	<0.75	9～16
>9.0	≤1.0	16～20

当水平烟道内积灰时，应从总断面面积中扣除积灰断面面积，按有效面积设置采样点。

在能满足测压管和采样管到达各采样点位置的情况下，尽可能地少开采样孔，一般开两个互成90°的采样孔。采样孔内径应不小于 80 mm，采样孔管长应不大于 50 mm。对正压下输送的高温或有毒废气的烟道应采用带有闸板阀的密封采样孔。

（三）烟气参数的测定

1. 烟气温度的测定

在采样孔或采样点的位置测定排气温度，一般情况下可在靠近烟道中心的一点测定。测定仪器如下：

水银玻璃温度计：精确度应不低于 2.5%，最小分度值应不大于 2 ℃。

热电偶或电阻温度计：示值误差不大于±3 ℃。

测定步骤：将温度测量单元插入烟道中测点处，封闭测孔，待温度计读数稳定后读数。使用玻璃温度计时，注意不可将温度计抽出烟道外读数。

2. 烟气含湿量的测定

干湿球法。烟气以一定的速度流经干、湿球温度计，根据干、湿球温度计的读数和测点处的烟气绝对压力，来确定烟气的含湿量。

冷凝法。抽取一定体积的烟气，使之通过冷凝器，根据冷凝出来的水量加上从冷凝器排出的饱和气体含有的水蒸气量，来确定烟气的含湿量。

重量法。从烟道中抽取一定体积的烟气，使之通过装有吸湿剂的吸湿管，烟气中的水汽被吸湿剂吸收，吸湿管的增重即为已知体积烟气中含有的水汽量。常用的吸湿剂有氯化钙、氧化钙、硅胶、氧化铝、五氧化二磷和过氯酸镁等。在选用吸湿剂时，应注意选择只吸收烟气中的水汽而不吸收其他气体的吸湿剂。

3. 流速和流量的测定

由于气体流速与气体动压的平方根成正比，所以根据测得某测点处的动压、静压及温度等参数计算气体的流速，进而根据管道截面积和测定出的烟气平均流速计算出烟气流量。

（1）测量仪器

标准型皮托管。标准型皮托管是一个弯成90°的双层同心圆管前端呈半圆形，正前方有一个开孔，与内管相通，用来测定全压。在距前端6倍直径处外管壁上开有一圈孔径为1 mm的小孔，通至后端的侧出口，用来测定排气静压。按照上述尺寸制作的皮托管的修正系数Kp为0.99±0.01。标准型皮托管的测孔很小，当烟道内颗粒物浓度大时易被堵塞。它适用于测量较清洁的排气。

S形皮托管。S形皮托管由两根相同的金属管并联组成。测量端有方向相反的两个开口，测量时，面向气流的开口测得的压力为全压，背向气流的开口测得的压力小于静压。此S形皮托管的修正系数Kp为0.84±0.01。制作尺寸与上述要求有差别的S形皮托管的修正系数需要进行校正，其正反方向的修正系数相差应不大于0.01。S形皮托管的测压孔开口较大，不易被颗粒物堵塞，且便于在厚壁烟道中使用。

其他仪器。U形压力计：用于测定排气的全压和静压，其最小分度值应不大于10 Pa。斜管微压计：用于测定排气的动压，其精确度应不低于2%，其最小分度值应不大于2 Pa。大气压力计：最小分度值应不大于0.1 Pa。流速测定仪：由皮托管、温度传感器、压力传感器、控制电路及显示屏组成，可以自动测定烟道断面各测点的排气温度、动压、静压及环境大气压，从而根据测得的参数自动计算出各点的流速。

（2）测定步骤

①准备工作。将微压计调整至水平位置，检查微压计液柱中有无气泡，然后分别检查微压计和皮托管是否漏气。

②测量气流的动压。将微压计的液面调整至零点，在皮托管上标出各测点应该插入皮托管的位置，将皮托管插入采样孔。在各测点上，使皮托管的全压测孔正对着气流方向，其偏差不得超过100，测出各测点的动压，分别记录下来。重复测定一次，取平均值。测定完毕后，要注意检查微压计的液面是否回到原点。

③测量排气的静压。使用S形皮托管时只用其一路测压管，其出口端用胶管与U形压力计一端相连，将S形皮托管插到烟道近中心处的测点，使其测量端开口平面平行于气流方向，所测得的压力即为静压。

④测量排气温度，并使用大气压力计测量大气压力。

二、流动污染源的监测

汽车、火车、飞机、轮船等排放的废气主要是汽（柴）油燃烧后排出的尾气，特别是汽车，其数量大，排放的有害气体是造成空气污染的主要原因之一。废气中主要含有一氧化碳、氮氧化物、烃类、烟尘和少许二氧化硫、醛类、3，4-苯并芘等有害物质。

（一）汽油车怠速与高怠速工况下排气中污染物的测定

汽车排气中污染物含量与其运转工况（怠速、加速、定速、减速）有关。因为怠速法试验工况简单，可使用已有的汽车排气污染物测试设备测定污染气体，故应用广泛。

1. 怠速与高怠速工况条件

怠速工况指发动机无负载运转状态，即发动机运转，离合器处于接合位置，油门踏板与手油门处于松开位置，变速器处于空挡位置（对于自动变速箱的车应处于“停车”或“P”挡位）；采用化油器的供油系统，其阻风门处于全开位置；油门踏板处于完全松开位置。

高怠速工况指满足上述（除最后一项）条件，用油门踏板将发动机转速稳定控制在50%额定转速或制造厂技术文件中规定的高怠速转速时的工况。

2. 污染物的测定

对于汽车双怠速法排气污染物的测定，目前可采用非色散红外吸收法测定CO、CO_2、HC，采用电化学电池法测定O_2。测定时，首先将发动机由怠速工况加速至70%额定转速，并维持30 s后降至高怠速工况，然后将取样探头插入排气管中，深度不少于400 mm，并固定在排气管上。维持15 s后，由具有平均值计算功能的仪器在30 s内读取平均值，或人工读取最高值和最低值，其平均值即为高怠速污染物测量结果。发动机从高怠速工况降至怠速工况15 s后，在30 s内读取平均值即为怠速污染物测量结果。

（二）汽油车排气中氮氧化物的测定

在汽车尾气排气管处用取样管将废气引出（用采样泵），经冰浴（冷凝除水）、玻璃棉过滤器（除油、尘），抽取到100 mL注射器中，然后将抽取的气样经三氧化铬-石英砂氧化管注入无水乙酸、对氨基苯磺酸、盐酸萘乙二胺吸收液显色，显色后用分光光度法测定，测定方法与空气中No_x的测定方法相同。还可以用化学发光No_x监测仪测定。

（三）柴油车排气烟度的测定

由汽车柴油机或柴油车排出的黑烟含多种颗粒物，其组分复杂，但主要是炭的聚合体

(占85%以上)，它往往吸附有 SO_2 及多环芳烃等有害物质。为防止黑烟对环境的污染，国家规定了最高允许排放烟度值。

柴油车排气烟度常用滤纸式烟度计测定，以波许烟度单位或滤纸烟度单位表示。

1. 测定原理

用一台活塞式抽气泵在规定的时间内从柴油车排气管中抽取一定体积的排气，让其通过一定面积的白色滤纸，则排气中的炭粒被阻留附着在滤纸上，将滤纸染黑，其烟度与滤纸被染黑的强度有关。用光电测量装置测量洁白滤纸和染黑滤纸对同强度入射光的反射光强度，依据下式确定排气的烟度（以波许烟度单位表示）。规定洁白滤纸的烟度为零，全黑滤纸的烟度为10。

$$S_F = 10 \times \left(1 - \frac{I}{I_0}\right)$$

式中：S_F ——排气烟度，Rb；

I ——染黑滤纸的反射光强度；

I_0 ——洁白滤纸的反射光强度。

由于滤纸的质量会直接影响烟度的测定结果，所以要求滤纸洁白，纤维及微孔均匀，机械强度和通气性良好，以保证烟气中的炭粒能均匀分布在滤纸上，提高测定精度。

2. 滤纸式烟度计

滤纸式烟度计的整体工作原理如下：由取样探头、抽气装置及光电检测系统组成。当抽气泵活塞受脚踏开关的控制而上行时，排气管中的排气依次通过取样探头、取样软管及一定面积的滤纸被抽入抽气泵，排气中的黑烟被阻留在滤纸上，然后用步进电机（或手控）将已抽取黑烟的滤纸送到光电检测系统测量，由指示电表直接指示烟度值。规程中要求按照一定时间间隔测量三次，取其平均值。

烟度计的光电检测系统的工作过程：采集排气后的滤纸经光源照射，其中一部分被滤纸上的炭粒吸收，另一部分被滤纸反射至环形硒光电池，产生相应的光电流，送入测量仪表测量。指示电表刻度盘上已按烟度单位标明刻度。

使用烟度计时，应在取样前用压缩空气清扫取样管路，用烟度卡或其他方法标定刻度。

第四节　大气环境质量评价和废气污染源达标评价

一、大气环境质量评价

描述和反映大气环境质量现状既可以从化学的角度，也可以从生物学、物理学和卫生学的角度，它们都从某一方面说明了大气环境质量的好坏。由于我们最终要保护的是人，以人群效应来检验大气质量好坏的卫生学评价更科学、更合理一些。但这种方法难以定量化，所以目前应用最普遍的是监测评价。

（一）大气污染的形成机理及影响因素分析

污染源向大气环境排放污染物是形成大气污染的根源。污染物质进入大气环境后，在风和湍流的作用下向外输送扩散，当大气中污染物积累到一定程度之后，就改变了原始大气的化学组成和物理性状，构成对人类生产、生活甚至人群健康的威胁，这就是大气污染。

从大气污染的形成看，造成大气污染首先是因为存在着大气污染源；其次，还和大气的运动，即风和湍流有关。影响污染物地面浓度分布的因素主要包括污染源的特性和决定大气运动状况的气象条件与地形条件。

1. 源的形态

大气污染源分为点源、面源和线源，点源又分高架源和地面源不同类型的源污染能力不同，在同样的气象条件下形成的地面浓度也不同。线源和面源的污染能力比点源大，地面源的污染能力比高架源大。因而，在其他条件相同时，线源和面源造成的地面浓度比点源大，地面源形成的浓度也比高架源大。

2. 源强

源强是污染源单位时间内排放污染物的量，即排放率。显然，源强越大，形成的地面浓度就越大；反之，地面浓度就越小。

3. 源的排放规律

源的排放规律指源的排放特点是间断排放，还是连续排放；间断排放的规律是什么；连续排放是均匀排放还是非均匀排放；若是非均匀排放，排放量随时间变化的规律是什么。所有这些源的排放特点，均和污染物的浓度分布有密切的关系。污染物的浓度往往随着排放的变化而变化。

4. 大气的稀释扩散能力

大气作为污染物质的载体，自身的运动状况决定了对污染物的稀释扩散能力，从而也就决定了污染物的地面浓度分布。影响大气运动状态的因素有地形条件和气象条件，而地形和气象条件往往决定了流场特性、风的结构、大气温度结构等，显然，这些因素都将直接影响污染物的地面浓度分布。

（二）评价工作程序

大气环境质量现状评价工作可分为四个阶段：调查准备阶段、污染监测阶段、评价分析阶段和成果运用阶段。

1. 调查准备阶段

根据评价任务的要求，结合本地区的具体条件，首先确定评价范围。在大气污染源调查和气象条件分析的基础上，拟定该地区的主要大气污染源和污染物以及发生重污染的气象条件，据此制订大气环境监测计划，并做好人员组织和器材准备。

2. 污染监测阶段

有条件的地方应配合同步气象观测，以便为建立大气质量模式积累基础资料，大气污染监测应按年度分季节定区、定点、定时进行。为了分析评价大气污染的生态效应、为大气污染分级提供依据，最好在大气污染监测时，同时进行大气污染生物学和环境卫生学监测，以便从不同角度来评价大气环境质量，使评价结果更科学。

3. 评价分析阶段

评价就是运用大气质量指数对大气污染程度进行描述，分析大气环境质量的时空变化规律，并根据大气污染的生物监测和大气污染环境卫生学监测进行大气污染的分级。此外，还要分析大气污染的成因、主要大气污染因子、重污染发生的条件以及大气污染对人和动植物的影响。

4. 成果运用阶段

根据评价结果，提出综合防治大气污染的对策，如改变燃料构成、调整能源结构、调整工业布局等。

（三）大气污染监测评价

1. 评价因子的选择

选择评价因子的依据是：本地区大气污染源评价的结果、大气例行监测的结果，以及生态和人群健康的环境效应，凡是主要大气污染物，大气例行监测浓度较高以及对生态及人群健康已经有所影响的污染物，均应选为污染监测的评价因子。

目前，我国各地大气污染监测评价的评价因子包括四类：尘（降尘、飘尘、悬浮微粒等）、有害气体（二氧化硫、氮氧化物、一氧化碳、臭氧等）、有害元素（氟、铅、汞、镉、砷等）和有机物（苯并［a］芘、总烃等）。评价因子的选择因评价区污染源构成和评价目的而异。进行某个地区的大气环境质量评价时，可根据该区大气污染源的特点和评价目的从上述因子中选择几项，不宜过多。

2. 评价标准的选择

大气环境质量评价标准的选择主要考虑评价地区的社会功能和对大气环境质量的要求，评价时可以分别采用一级、二级或三级质量标准。对于标准中没有规定的污染物，可参照国外相应的标准。有时，也可选择本地区的本底值、对照值、背景值作为评价对比的依据，但这往往受到地区的限制，使评价结果不能相互比较。

3. 监测

（1）布点

监测布点的方法有网格布点法、放射状布点法、功能分区布点法和扇形布点法等，具体应用时可根据人力、物力条件及监测点条件的限制灵活运用。一般来说，布点要遵循如下五条原则：最好设置对照点；点的设置考虑大气污染源的分布和地形、气象条件；在污染源密集区和污染源密集区的下风侧，要适当增加监测点，争取做到 1～4 km^2 内有一个监测点，而在污染源稀少和评价区的边缘则可以少布一些点，争取做到 4～10 km^2 内有一个监测点；布的点必须能控制住要评价的区域范围，要保持一定的数量和密度；要有大气监测布点图。

（2）采样、分析方法

可采用监测规范中规定的条文和分析方法。

（3）监测频率

一年分四季，以 1 月、4 月、7 月、10 月代表冬、春、夏、秋季。每个季节采样 7 天，一日数次，每次采 20～40 分钟；以一日内几次的平均值代表日平均值，以 7 天的平均值代表季日平均值。

（4）同步气象观测

大气污染程度与气象条件有密切的关系。要准确地分析、比较大气污染监测的结果，一定要结合气象条件来说明。要充分利用本地区气象部门的常规气象资料。如果评价区地形比较复杂，气象场不均匀，则应考虑开展同步气象观测，从而找出大气污染的规律和重污染发生的气象条件。

4. 评价

评价就是对监测数据进行统计、分析，并选用适宜的大气质量指数模型求取大气质量指数。根据大气质量指数及其对应的环境生态效应进行污染分级，绘制大气质量分布图，从而探讨各项大气污染物和环境质量随时空的变化情况，指出造成本地区大气环境质量恶化的主要污染源和主要污染物，研究大气污染对人群和生态环境的影响。最后，要提出改善大气环境质量及防止大气环境进一步恶化的综合防治措施。

二、废气污染源达标评价

（一）监测项目

对于废气污染源，如果执行行业或地方排放标准的，则按照行业或地方排放标准以及该企业环评报告书及批复的规定确定监测项目；对二氧化硫、氮氧化物总量减排重点环保工程设施及纳入年度减排计划的重点项目，同时监测二氧化硫、氮氧化物的去除效率。废气监测项目均包括流量。

（二）监测频次

污染源每季度监测 1 次，全年监测 4 次。对于季节性生产企业，则在生产季节监测至少 4 次。

（三）评价方法

污染源采用单项污染物评价法，即在一次监测中，排污企业的任一排污口单项污染物浓度不达标，则该排污企业本次监测中该单项污染物为不达标；若任一排污口排放的任何一项污染物不达标，则该排污口本次监测为不达标；如果排污企业任一排污口不达标，则该排污企业本次监测为不达标。

评价所执行的标准：如果有地方或区域排放标准的，则优先采用地方或区域排放标准；如果有行业排放标准的，则采用行业排放标准；如果没有行业排放标准的，则采用综合排放标准。

第五章　物理性污染监测

第一节　噪声污染监测

噪声污染和水污染、空气污染、固废污染等都是当代的主要环境污染。但是噪声污染与其他污染不同，它是物理性污染。一般情况下它并不致命，并且与声源同时产生、同时消失，噪声源分布很广，集中处理比较困难。在人类生产生活的各个领域都有噪声的存在，并且能够直接被我们感觉到，噪声所造成的干扰不会像物质污染那样只有在产生后果后才被发现，所以噪声通常是受到抱怨和控告最多的环境污染。

一、概述

声音的本质是波动。受作用的空气发生振动，当振动频率在 20～20 000 Hz 时，作用于人耳的鼓膜而产生的感觉称为声音。人类生活在一个有声音的环境中，通过声音进行交谈、表达思想感情以及进一步活动。但是有些声音却给人类的生活生产带来危害。例如，工地震耳欲聋的机器声，疾驰而过的汽车声等。一切无规律的或随机的不被人们生活和工作所需要的声音都可称为噪声。噪声的判断还与人们的主观感觉和心理因素有关，即一切不希望存在的干扰声都叫噪声。人们认为噪声大多数由人类活动所产生，但也不能排除自然现象产生的声音，只要超过了人们生活、生产和社会活动所允许的程度的声音都称为噪声，在某些时候和某些情绪条件下，即使是音乐也有可能是噪声。例如，现在争议比较大的广场舞，其播放的音乐在某种程度上也影响了人们的生活。噪声的主要特征：一是噪声是感觉公害；二是噪声具有局限性和分散性。

环境噪声的来源有四种：一是交通噪声，包括汽车、火车和飞机等所产生的噪声；二是工厂噪声，如织布机、冲床、汽轮机、发动机等所产生的噪声；三是建筑施工噪声，如打桩机、挖掘机、搅拌机等发出的声音；四是社会生活噪声，如高音喇叭、收录机、报警器等发出的过强的声音。

噪声的主要危害是损伤听力，干扰人们的休息和工作，干扰语言交流，诱发疾病，甚至危害人体健康，强噪声还会影响设备正常运转和损坏建筑结构。

二、噪声监测参数及分析

（一）噪声参数

1. 声功率

声功率是指单位时间内，声波通过垂直于传播方向某指定面积的声能量。在噪声监测中，声功率是指声源总声功率。单位为 W。

2. 声强

声强是指单位时间内，声波通过垂直于传播方向单位面积的声能量。单位为 W/S^2。

3. 声压

声压是由于声波的存在而引起的压力增值。单位为 Pa。

4. 分贝

人们日常生活中遇到的声音，若以声压值表示，由于变化范围非常大，可以达六个数量级以上，同时由于人体听觉对声信号强弱刺激反应不是线形的而是成对数比例关系。所以采用分贝来表达声学量值。

（二）噪声叠加和相减

1. 噪声叠加

两个以上独立声源作用于某一点，产生噪声的叠加。声能量可以代数相加，设两个声源的声功率分别为 W_1 和 W_2，那么总声功率 $W_{总} = W_1 + W_2$。而两个声源在某点的声强为 I_1 和 I_2 时，叠加后的总声强 $I_{总} = I_1 + I_2$。但声压不能直接相加。

由于 $I_1 = P_{12}/\rho c \quad I_2 = P_{22}/\rho c$

故 $P_{总2} = P_{12} + P_{22}$

又 $(P_1/P_0)2 = 10(L_{p1}/10)$

$(P_2/P_0)2 = 10(L_{p2}/10)$

故总声压级：

$L_{p.总} = 10\lg[(P_{12} + P_{22})/P_2] = 10\lg[10(L_{p1}/10) + 10(L_{p2}/10)]$

如 $L_{p1} = L_{p2}$，即两个声源的声压级相等，则总声压级：

$L_{p总} = L_{p1} + 10\lg2 \approx L_{p1} + 3(dB)$

也就是说，作用于某一点的两个声源声压级相等，其合成的总声压级比一个声源的声压级增加 3 dB。当声压级不相等时，按上式计算比较麻烦。可以利用查曲线值来计算。

2. **噪声相减**

噪声测量时，常常会遇到背景噪声问题，扣除背景噪声，就是噪声相减的问题。为了避免因背景噪声的存在而使测量读数增高，应减去背景噪声。

例如，为了测量某车间中一台机器的噪声大小，从声级计上测得声级为 104 dB，当机器停止工作，测得背景噪声为 100 dB，求该机器噪声的实际大小。

解：由题可知，背景噪声（L_{p1}）为 100 dB，机器噪声和背景噪声之和（L_p）为 104 dB。

$L_n - L_0 = 4$ dB，从图 5-1 背景噪声修正曲线中可查得相应 $\Delta L_p = 2.2$ dB，机器的实际噪声噪级 $L_{p2} = L_p - \Delta L_p = 101.8$ dB。

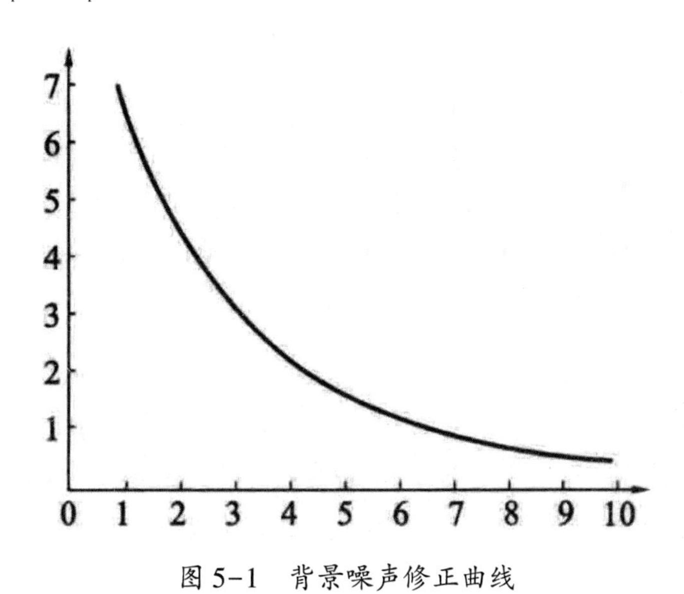

图 5-1 背景噪声修正曲线

$L_p - L_{pl}$/dB

（三）响度和响度级

1. **响度**

响度是人耳判别声音由轻到响的强度等级概念，它不仅取决于声音的强度（如声压级），还与它的频率及波形有关。

响度的单位为“宋”，1 宋的定义为声压级为 40 dB，频率为 1000 Hz，且来自听者正前方的平面波形的强度。如果另一个声音听起来比 1 宋的声音大 n 倍，则该声音的响度为 n 宋。

2. 响度级

响度级是建立在两个声音主观比较的基础上，选择 1000 Hz 的纯音做基准音，若某一噪声听起来与该纯音一样响，则该噪声的响度级在数值上就等于这个纯音的声压级。响度级用 LN 表示，单位是“方”。

3. 响度与响度级的关系

根据大量的实验得到，响度级每改变 10 方，响度加倍或减半。它们的关系可用下列数学式表示：$N = 2(LN40/10)$ 或 $\mathrm{LN}40 + 33\lg N$ 。响度级的合成不能直接相加，而响度可相加。应先将各响度级换算成响度进行合成，然后再换算成响度级。

（四）计权声级

为了能用仪器直接反映人的主观响度感觉的评价量，有关人员在噪声测量仪器——声级计中设计了一种特殊滤波器，叫计权网络。通过计权网络测得的声压级，已不再是客观物理量的声压级，而叫计权声压级或计权声级，简称声级，有 A、B、C 和 D 计权声级。

A 计权声级是模拟人耳对 55 dB 以下低强度噪声的频率特征；B 计权声级是模拟 55 dB 到 85 dB 的中等强度噪声的频率特征；C 计权声级是模拟高强度噪声的频率特征；D 计权声级是对噪声参量的模拟，专用于飞机噪声的测量。

（五）等效连续声级

对一个起伏的或者不连续的噪声，A 计权声级就显得不合适。因此提出了一个用噪声能量按时间平均方法来评价噪声对人的影响，称为等效连续声级，用符号“L_{eq}”或“$L_{\mathrm{Aeq,\ T}}$”表示。

它是用一个相同时间内声能与之相等的连续稳定的 A 声级来表示该段时间内的噪声的大小。例如，有两台声级为 85 dB 的机器，第一台连续工作 8 h，第二台间歇工作，其有效工作时间之和为 4 h。显然作用于操作工人的平均能量是前者比后者大一倍，即大 3 dB。因此，等效连续声级反映在声级不稳定的情况下人实际所接受的噪声能量的大小，它是一个用来表达随时间变化的噪声的等效量。

$$L_{\mathrm{Aeq,\ T}} = 10\lg\left[\frac{1}{T}\int_0^T 10^{0.1L_{\mathrm{pA}}}\mathrm{d}t\right] L_{\mathrm{Aeq,\ T}} = 10\lg\left[\frac{1}{T}\int_0^T 10^{0.1L_{\mathrm{pA}}\mathrm{dt}}\right]$$

式中：L_{AP}——某时刻 t 的瞬时 A 声级（dB）；

T——规定的测量时间（s）。

如果数据符合正态分布，其累积分布在正态概率之上为一直线，则可用下面近似公式计算：

$$L_{eq} \approx L_{50} + d^2/60,\ d = L_{10} - L_{90}$$

式中：L_{10}——测定时间内，10%的时间超过的噪声级，相当于噪声的平均峰值；

L_{50}——测定时间内，50%的时间超过的噪声级，相当于噪声的平均；

L_{90}——测定时间内，90%的时间超过的噪声级，相当于噪声的背景值。

L_{10}、L_{50}、L_{90}的计算方法，第一种是在正态概率纸上画出累积分布曲线，然后从图中求得；第二种方法比较简单，将测量的数据从大到小排列，第 10 个数据、第 50 个数据、第 90 个数据即分别是L_{10}、L_{50}、L_{90}。目前大多数声级计都有自动计算并显示的功能，无须手工计算。

（六）噪声污染级

涨落的噪声引起人的烦恼程度比等能量的稳态噪声要大，并且与噪声暴露的变化率和平均强度有关。对于非稳态噪声，在L_{eq}上加一项表示噪声变化幅度的量，即噪声污染级，用符号“L_{NP}”表示。它更能反映实际污染程度，例如航空或者道路的交通噪声。

噪声污染级（L_{NP}）公式：

$$L_{NP} = L_{eq} + K_{\sigma},\qquad \sigma = \sqrt{\frac{1}{n-1}\sum_{i=1}^{n}(\bar{L}_{PA} - L_{PA_i})^2}$$

式中：K——常数，对交通和飞机噪声取值 2.56；

σ——测定过程中瞬时声级的标准偏差；

L_{PAi}——第 i 个瞬时 A 声级；

$\bar{L}_{PA}$——所测声级的算术平均值，$\bar{L}_{PA} = \frac{1}{n}\sum_{i=1}^{n} L_{PAi}$；

n——测得总数。

对于重要的公共噪声，L_{NP}也可以写成：

$$L_{NP} = L_{ei} + d$$

$$L_{NP} = L_{50} + d^2/60 + d$$

$$d = L_{10} - L_{90}$$

（七）昼夜等效声级

昼夜等效声级（也称日夜平均声级）反映社会噪声昼夜间的变化情况，用符号“L_{dn}”表示。

昼夜等效声级公式：

$$L_{dn}=10\lg\left[\frac{16\times10^{0.1L_d}+8\times10^{0.1(L_n+10)}}{24}\right]$$

式中：L_d ——白天的等效声级，时间 6 时至 22 时，共 16 h；

L_n ——夜间的等效声级，时间 22 时至次日 6 时，共 8 h。

昼夜时间可以依照地区和季节不同而做相应变更。因为夜间噪声对人的烦扰更大，所以在计算夜间等效声级时应加上 10 dB 的计权。

三、噪声监测

（一）噪声测量仪器

噪声测量仪参量的主要内容是噪声的强度，即声场中的声压，至于声强、声功率则较少直接测量，只在研究中使用。此外，还测量噪声的特征即声压的各种频率组成成分。噪声测量仪器主要有声级计、声级频谱仪、录音机、记录仪和实时分析仪等。

声级计又叫噪声计，是一种按照一定的频率计权和时间计权测量声音的声压级和声级的仪器，是声学测量中最常用的基本仪器，是一种主观性的电子仪器，因为它把声信号转换成电信号的时候，可以模拟人耳对声波反应速度的时间特征，对高低频有不同灵敏度的频率特性以及不同响度时改变频率特性的强度特性，所以声级计是一种主观性的电子仪器。

声级计可用于环境噪声、机器噪声、车辆噪声，以及其他各种噪声的测量，也可用于电声学、建筑声学等测量。

声级计主要由传声器、放大器、衰减器、计权网络、电表电路和电源等组成。

1. 声级计的工作原理

由传声器将声音转换成电信号，再由前置放大器变换阻抗，使传声器与衰减器匹配。放大器将输出信号加到计权网络，对信号进行频率计权（或外接滤波器），然后再经衰减器及放大器将信号放大到一定的幅值，送到有效值检波器（或外接电平记录仪），在指示表头上给出噪声声级的数值。

2. 声级计的分类

根据声级计整机灵敏度区分，声级计分类有两类方法：一类是普通声级计，它对传声器要求不太高。动态范围和频响平直范围较狭窄，一般不与带通滤波器联用。另一类是精密声级计，其传声器要求频响宽、灵敏度高、长期稳定性好，且能与各种带通滤波器配合使用，放大器输出可直接和电平记录器、录音机相连接，可将噪声信号显示或贮存起来。

3. 其他噪声测量仪器

（1）声级频谱分析仪

频谱仪是测量噪声频率的仪器，它的基本组成大致与声级计相似。但在频谱仪中，设置了完整的计权网络（滤波器）。借助于滤波器的作用，可以将声频范围内的频率分成不同的频带进行测量。

（2）记录仪

在现场噪声测量中为了迅速、准确、详细地分析噪声源的特征，常把声级频谱仪与自动记录仪连用。自动记录仪是将噪声频率信号做对数转换，用人造宝石或墨水将噪声的峰值、有效值、平均值表示出来。

（3）录音机

在现场噪声测量中如果没有频谱仪和记录仪，可以用录音机将噪声消耗记录下来，以便在实验室用适当的仪器对噪声消耗进行分析。选用的录音机必须具有较好的性能，它要求披露范围宽，一般为 20～15 000 Hz，失真小，小于 3%，信噪比大，35 dB 以上。此外，还必须具有较好的频率响应和较宽的动态范围。

（4）实时分析仪

频谱仪是对噪声信号在一定范围内进行频谱分析，需要花费很长的时间，并且它只能分析稳态噪声信号，而不能分析瞬时态噪声信号。实时分析仪是一种数字式频线显示仪，它能把测量范围内的输入信号在极短时间内同时反映在显示屏上，通常用于较高要求的研究测量，特别适应于脉冲信号分析。目前使用尚不普遍。

（二）噪声标准

噪声对人的影响与声源的物理特性、暴露时间和个人体质差异等因素有关。所以噪声标准的制定是在大量的实验基础上进行统计分析的，主要考虑因素是听力保护，噪声对人体健康的影响，人们对噪声的主观烦恼程度和目前的经济、技术条件等方面。对不同的场所和时间分别加以限制。同时考虑了标准的科学性、先进性和现实性。

我国现行的噪声标准主要分为噪声环境质量标准和噪声污染排放标准两大类。较强的噪声对人的生理与心理会产生不良影响。在日常工作和生活环境中，噪声主要造成听力损失，干扰谈话、思考、休息和睡眠。根据国际标准化组织的调查，在噪声级 85 dB 和 90 dB 的环境中工作 30 年，耳聋的可能性分别为 8% 和 18%。在噪声级 70 dB 的环境中，谈话就感到困难。对工厂周围居民的调查结果认为，干扰睡眠、休息的噪声级阈值，白天为 50 dB，夜间为 45 dB。

在测定噪声污染分布情况后可在城市地图上用不同颜色或阴影表示噪声带，每个噪声带代表一个噪声等级，每级相差 5dB。

（三）噪声监测方法

1. 测点选择

根据监测对象和目的，可选择以下三种测点条件（指传声器所置位置）进行环境噪声的测量：

①一般户外，距离任何反射物（地面除外）至少 3.5 m 处，距地面高度 1.2 m 以上测量。必要时可置于高层建筑上，以扩大监测受声范围。使用监测车辆测量，传声器应固定在车顶部 1.2 m 高度处。

②噪声敏感建筑物户外，应距墙壁或窗户 1 m 处，距地面高度 1.2 m 以上。

③噪声敏感建筑物室内，距离墙面和其他反射面至少 1 m，距窗约 1.5 m 处，距地面 1.2～1.5 m 高。

2. 气象条件

测量应在无雨雪、无雷电天气，风速 5 m/s 以下时进行。

3. 测量时间

分昼（6 时至 22 时）、夜（22 时至次日 6 时）两个时段进行。规定时间内的等效声级 L_{eq}和交通流量。

对铁路、城市轨道交通线路（地面段）同时测量最大声级 L_{max}；对道路交通噪声应同时测量累积百分声级 L_{10}、L_{50}、L_{90}。

测量时间内，每次每个测点测量 10 min 的等效声级 L_{eq}，同时记录噪声主要来源。监测应避开节假日和非正常工作日。

监测结果评价将全部网格中心测点测得 10 min 的等效声级 L_{eq}做算术平均运算。

4. 类型方法

根据监测对象和目的，环境噪声监测分为声环境功能区监测和噪声敏感建筑物监测两种类型。

5. 声环境功能区的测定

声环境功能区监测的目的是评价不同声环境功能在昼间、夜间的声环境质量，了解功能区环境噪声时空分布特征。

（1）定点测量法

选择能反映各类功能区声环境质量特征的监测点若干个，进行长期定点监测，每次测量的位置、高度应保持不变。对于 0、1、2、3 类声环境功能区，该监测点应为户外长期稳定、距离地面高度为声扬空间垂直分布的可能最大值处，其位置应能避开反射面和附加的固定噪声源。4 类声环境功能区监测点设于 4 类区内第一排噪声敏感建筑物户外交通噪声空间垂直分布的可能最大值处。声环境功能区监测每次至少进行一昼夜 24 h 的连续监测，得出每小时及昼间、夜间的等效声级 L_{eq}、L_d、L_n 和最大声级 L_{max}。用于噪声分析目的，可适当增加监测项目，如累计百分声级 L_{10}、L_{50}、L_{90} 等。监测应避开节假日和非正常工作日。

监测结果评价：各监测点测量结果独立评价，以昼间等效声级 L_d 和夜间等效声级 L_n 作为评价各监测点位声环境质量是否达标的基本依据。一个功能区设有多个监测点的，应按点次分别统计昼间、夜间的达标率。

（2）查监测法

①0～3 类声环境功能区普查监测。监测要求：将要普查监测的某一声环境功能区划分成多个等大的正方格，网格要完全覆盖住被普查的区域，且有效网格总数应多于 100 个。测点应设在每一个网格的中心，测点条件为一般户外条件。监测分别在昼间工作时间和夜间 22 时至 24 时（时间不足可顺延）进行。在前述测量时间内，每次每个测点测量 10 min 的等效声级 L_{eq}，同时记录噪声主要来源。

监测结果评价：将全部网格中心测点测得的 10 min 的等效声级 L_{eq} 做算术平均运算，所得到的平均值代表某一声环境功能区的总体环境噪声水平，并计算标准偏差。根据每个网格中心的噪声值及对应的网格面积，统计不同噪声影响水平下的面积百分比，以及昼间、夜间的达标面积比例。有条件可估算受影响人口。

②4 类声环境功能区普查监测。监测要求：以自然路段、站场、河段等为基础，考虑交通运行特征和两侧噪声敏感建筑物分布情况，划分典型路段（包括河段）。在每个典型路段对应的 4 类区边界上（指 4 类区内无噪声敏感建筑物存在时）或第一排噪声敏感建筑物户外（指 4 类区内有噪声敏感建筑物存在时）选择 1 个测点进行噪声监测。这些测点应与站、场、码头、岔路口、河流汇入口等相隔一定的距离，避开这些地点的噪声干扰。监测分昼、夜两个时段进行。分别测量规定时间内的等效声级 L_{eq} 和交通流量，对铁路、城市轨道交通线路（地面段），应同时测量最大声级 L_{max}，对道路交通噪声应同时测量累积百分声级 L_{10}、L_{50}、L_{90}。根据交通类型的差异，规定的测量时间为铁路、城市轨道交通（地面段）、内河航道两侧，昼、夜各测量不低于平均运行密度的 1 h 值，若城市轨道交通（地面段）的运行车次密集，测量时间可缩短至 20 min。高速公路、一级公路、二级公路、

城市快速路、城市主干路、城市次干路两侧，昼、夜各测量不低于平均运行密度的 20 min 值。

监测结果评价：将某条交通干线各典型路段测得的噪声值，按路段长度进行加权算术平均，以此得出某条交通干线两侧 4 类声环境功能区的环境噪声平均值。也可对某一区域内的所有铁路、确定为交通干线的道路、城市轨道交通（地面段）、内河航道按前述方法进行长度加权统计，得出针对某一区域某一交通类型的环境噪声平均值。根据每个典型路段的噪声值及对应的路段长度，统计不同噪声影响水平下的路段百分比，以及昼间、夜间的达标路段比例。有条件的可估算受影响人口。对某条交通干线或某一区域某一交通类型采取抽样测量的，应统计抽样路段比例。

（3）噪声敏感建筑物监测方法

监测目的：了解噪声敏感建筑物户外（或室内）的环境噪声水平，评价是否符合所处声环境功能区的环境质量要求。

监测要求：监测点一般设于噪声敏感建筑物户外。不得不在噪声敏感建筑物室内监测时，应在门窗全打开状况下进行室内噪声测量，并采用较该噪声敏感建筑物所在声环境功能区对应环境噪声限值低 10 dB（A）的值作为评价依据。

对敏感建筑物的环境噪声监测应在周围环境噪声源正常工作条件下测量，视噪声源的运行工况，分昼、夜两个时段连续进行。根据环境噪声源的特征，可优化测量时间：

①受固定噪声源的噪声影响：稳态噪声测量 1 min 的等效声级 L_{eq}；

非稳态噪声测量整个正常工作时间（或代表性时段）的等效声级 L_{eq}。

②受交通噪声源的噪声影响：对于铁路、城市轨道交通（地面段）、内河航道，昼、夜各测量不低于平均运行密度的 1 h 等效声级 L_{eq}，若城市轨道交通（地面段）的运行车次密集，测量时间可缩短至 20 min。

对于道路交通，昼、夜各测量不低于平均运行密度的 20 min 等效声级 L_{eq}。

③受突发噪声的影响：以上监测对象夜间存在突发噪声的，应同时监测测量时段内的最大声级 L_{max}。

监测结果评价：以昼间、夜间环境噪声源正常工作时段的 L_{eq} 和夜间突发噪声 L_{max} 作为评价噪声敏感建筑物户外（或室内）环境噪声水平，是否符合所处声环境功能区的环境质量要求的依据。

6. 测量记录

测量记录应包括以下事项：

①日期、时间、地点及测定人员；

②使用仪器型号、编号及其校准记录；

③测定时间内的气象条件（风向、风速、雨雪等天气状况）；

④测量项目及测定结果；

⑤测量依据的标准；

⑥测点示意图；

⑦声源及运行工况说明（如交通噪声测量的交通流量等）；

⑧其他应记录的事项。

第二节 放射污染监测

辐射环境质量监测和辐射污染源监测是环境保护工作中的一个重要组成部分，放射性物质在国防、医学、航天、科研、民用等领域的应用范围不断扩大，需要对核辐射污染及污染源进行规范性的监测、监督和管理。

一、概述

（一）放射性的来源和放射性污染的危害

1. 来源

放射性是一种不稳定的原子核（放射性物质）自发的衰变现象，通常该过程伴随发出能导致电离的辐射（如 α、β、γ 等放射性）。天然存在的放射性核素具有自发地放射出射线的特征，称为天然放射性；而通过核反应，由人工制造的放射性核素的放射性，称为人工放射性。

（1）天然放射性源

①宇宙射线（从宇宙空间向地面辐射的射线）；

②地球表面的放射性物质；

③空气中存在的放射性物质；

④地表水中含有的放射性物质；

⑤人体内的放射性。

（2）人工放射源

①核爆炸。核爆炸形成高温火球，使其中的裂变碎片及卷进火球的尘埃等变成蒸气，在火球膨胀和上升过程中与大气混合，热辐射损失，温度降低，于是便凝结成微粒或者附

着在其他尘粒上而形成放射性气溶胶。

②核工业废物。原子能反应堆、原子能电站、核动力舰艇、放射性矿开采等核工业运行过程中排放的各种含有放射性的“三废”产物，一旦泄漏将造成严重的污染事故。

③其他工农业、医学、科研等部门的排放废物。

2. 放射性核素在环境中的分布

(1) 在大气中的分布

大多数放射性核素均可出现在大气中，但主要是氡的同位素（特别是 222 Rn)，它是镭的衰变产物，能从含镭的岩石、土壤、水体和建筑材料中逸散到大气，其衰变产物是金属元素，极易附着于气溶胶颗粒上。

(2) 在动植物组织中的分布

任何动植物组织中都含有一些天然放射性核素，主要有 40K、226Ra、14C、210Pb 和 $210P_0$ 等，其含量与这些核素参与环境和生物体之间发生的物质交换过程有关，如植物组织中的含量与土壤、水、肥料中的核素含量有关；动物组织中的含量与饲料、饮水中的核素含量有关。

(3) 放射性污染的危害

对于人类影响最大的是人工放射性污染源，能使蛋白质及核糖核酸或脱氧核糖核酸分子链断裂等而造成组织破坏，对人体造成极大的损伤。

通常，每人每年从环境中受到的放射性辐射总剂量不超过 2 mSv。其中，天然放射性本底辐射占 50%以上，其余是人为放射性污染引起的辐射。

（二）照射量和吸收剂量

照射量和吸收剂量都是表征放射性粒子与物质作用后产生的效应及其量度的术语。

1. 照射量

照射量被定义为：

$$X=\frac{dQ}{dm}$$

式中：dQ——γ 或 X 射线在空气中完全被阻止引起质量为 dm 的某一单元空气电离所产生的点电荷（正电荷或负电荷）粒子的总电荷量（C）；

X——照射量，它的 SI 单位为 C/kg，与它暂时并用的专用单位是伦琴（R），简称伦。

$$1\ R=2.58\times10^{-4}\ C/kg$$

伦琴单位的定义是：凡 1 Rγ 或 X 射线照射 1 cm^3 标准状况下的空气，能引起空气电离而产生 1 静电单位正电荷和 1 静电单位负电荷的带电荷粒子。这一单位仅适用于 γ 或 X 射线透过空气介质的情况，不能用于其他类型的辐射和介质。

2. **吸收剂量**

吸收剂量是表示在电离辐射与物质发生相互作用时单位质量的物质吸收电离辐射能量大小的物理量。其定义用下式表示：

$$D = \frac{\mathrm{d}\varepsilon}{\mathrm{d}m}$$

式中：D——吸收剂量；

$\mathrm{d}\varepsilon$——电离辐射授予质量为 $\mathrm{d}m$ 的物质的平均能量。

吸收剂量的 SI 单位为 J/kg，专用单位的名称为戈瑞，用符号 Gy 表示，1 Gy＝1 J/kg。

3. **剂量当量**

剂量当量是在生物机体组织内所考虑的一个体积单位上的吸收剂量，品质因数和所有修正因素的乘积，即

$$H = DQN$$

式中：D——吸收剂量（Gy）；

Q——品质因素，其值取决于导致电离粒子的初始动能、种类及照射类型等；

N——所有其他修正因素。

剂量当量的国际单位为 J/kg，专用单位为希沃特（Sv）

$$1\ \mathrm{Sv} = 1\ \mathrm{J/kg}$$

与希沃特暂时并用的专用单位是雷姆（rem）

$$1\ \mathrm{rem} = 10-2\ \mathrm{Sv}$$

应用剂量当量用来描述人体所受各种电离辐射的危害程度，可以表达不同种类的射线受不同能量及不同照射条件下所引起生物效应的差异。在计算剂量当量时，也必须预先指定条件。对 γ 射线和 β 射线来说，以 rem 为单位的剂量当量和以 rad 为单位的吸收剂量在数值上是相等的。

单位时间内的剂量当量称为剂量当量率，其单位为 Sv/s 或 rem/s。

此外，还有累计剂量、最大允许剂量、致死剂量等。

二、辐射污染监测

（一）辐射污染检测仪器

辐射污染检测仪器种类很多，需要根据监测目的、试样形态、射线类型、强度及能量

等因素进行选择。最常用的检测器有三类：电离型检测器、闪烁检测器和半导体检测器。

1. **电离型检测器**

电离型检测器是利用射线通过气体介质时，使气体发生电离的原理制成的探测器。

原理：如果核辐射被电离室中的气体吸收，该气体将发生电离。电离探测器即是通过收集射线在气体中产生的电离电荷进行测量的。

仪器：常用的有电流电离室、正比计数管、盖革计数管。

（1）电流电离室

这种检测器用来研究由带电粒子所引起的总电离效应，也就是测量辐射强度及其随时间的变化。由于这种检测器对任何电离都有响应，所以不能用于甄别射线类型。A、B 是两块平行的金属板，加于两板间的电压为 V_{AB}（可变），室内充空气或其他气体。当有射线进入电离室时，则气体电离产生的正离子和电子在外加电场作用下，分别向异极移动，电阻上即有电流通过。电流与电压的关系：开始时，随电压增大电流不断上升，待电离产生的离子全部被收集后，相应的电流达饱和值，如进一步有限地增加电压，则电流不再增加，达饱和电流时对应的电压称为饱和电压，饱和电压范围称为电流电离室的工作区。由于电离电流很微小（通常在 10～12 A 或更小），所以需要用高倍数的电流放大器放大后才能测量。

（2）正比计数管

在此，电离电流突破饱和值，随电压增加继续增大。这是由于在这样的工作电压下，能使初级电离产生的电子在收集极附近高度加速，并在前进中与气体碰撞，使之发生次级电离，而次级电子又可能再发生三级电离，如此形成“电子雪崩”，使电流放大倍数达 104 左右。由于输出脉冲大小正比于入射粒子的初始电离能，故定名为正比计数管。

正比计数管内充甲烷（或氩气）和碳氢化合物气体，充气压力同大气压；两极间电压根据充气的性质选定。这种计数管普遍用于 α 和 β 粒子计数，具有性能稳定、本底响应低等优点。因为给出的脉冲幅度正比于初级致电离粒子在管中所消耗的能量，所以还可用于能谱测定，但要求初级粒子必须将它的全部能量损耗在计数管的气体之内。出于这个原因，它大多用于低能 γ 射线的能谱测量和鉴定放射性核素用的 α 射线的能谱测定。

（3）盖革计数管

盖革计数管是目前应用最广泛的放射性检测器，它被普遍用于检测 β 射线和 γ 射线强度。这种计数器对进入灵敏区域的粒子有效计数率接近 100%；它的另一个特点是，对不同射线都给出大小相同的脉冲。因此不能用于区别不同的射线。

原理：在一密闭玻璃管中间固定一条细丝作为阳极，管内壁涂一层导电物质或另放进一金属圆筒作为阴极，管内充约1/5大气压的惰性气体和少量猝灭气体。猝灭气体的作用是防止计数管在一次放电后发生连续放电。

为减小本底计数和达到防护目的，一般将计数管放在铅或生铁制成的屏蔽室中，其他部件装配在一个仪器外壳内，合称定标器。

用法：电离室是测量由电离作用而产生的电离电流，适用于测量强放射性；正比计数管和盖革计数管则是测量由每一入射粒子引起电离作用而产生的脉冲式电压变化，从而对入射粒子逐个计数，这适合于测量弱放射性。

2. 闪烁检测器

闪烁检测器是利用射线与物质作用发生闪光的仪器。它具有一个受带电粒子作用后其内部原子或分子被激发而发射光子的闪烁体。当射线照在闪烁体上时，便发射出荧光光子，并且利用光导和反光材料等将大部分光子收集在光电倍增管的光阴极上。光子在灵敏阴极上打出光电子，经过倍增放大后在阳极上产生电压脉冲，此脉冲还是很小的，须再经电子线路放大和处理后记录下来。

原理：利用射线照射在某些闪烁体上而使它发生闪光的原理进行测量。它具有一个闪烁体，当射线进入其中时产生闪光，然后用光电倍增管将闪光信号放大、记录下来。

用法：该探测器以其高灵敏度和高计数率的优点而被用作测量α射线、β射线、γ射线辐射强度。由于它对不同能量的射线具有很高的分辨率，所以又可作为能谱仪使用。通过能谱测量，鉴别放射性核素，并且在适当的条件下，能够定量地分析几种放射性核素的混合物。此外，这种仪器还能测量照射量和吸收剂量。

3. 半导体检测器

半导体检测器的工作原理与电离型检测器相似，但其检测元件是固态半导体。

原理：将辐射吸收在固态半导体中，当辐射与半导体晶体相互作用时将产生电子-空穴对。由于产生电子-空穴对的能量较低，所以该种探测器具有能量分辨率高且线性范围宽等优点。

用法：用硅制作的探测器可用于α计数，α、β能谱测定；用锗制作的半导体探测器可用于γ能谱测量，而且探测效率高、分辨能力好。半导体探测器是近年来迅速发展的一类新型核辐射探测仪器。

（二）放射性测量实验室

放射性测量实验室分为两个部分：一是放射化学实验室；二是放射性计测实验室。

1. 放射化学实验室

放射性样品的处理一般应在放射化学实验室内进行。为得到准确的监测结果和考虑操作安全问题，该实验室应符合以下要求：①墙壁、门窗、天花板等要涂刷耐酸油漆，电灯和电线应装在墙壁内；②有良好的通风设施，大多数处理样品操作应在通风橱内进行，通风马达应装在管道外；③地面及各种家具面要用光平材料制作，操作台面上应铺塑料布；④洗涤池最好不要有尖角，放水用足踏式龙头，下水管道尽量少用弯头和接头等。此外，实验室工作人员应养成整洁、小心的优良工作习惯，工作时穿戴防护服、手套、口罩，佩戴个人剂量监测仪等；操作放射性物质时用夹子、盘子、铅玻璃防护屏等器具，工作完毕后立即清洗所用器具并放在固定地点，还须洗手和淋浴；实验室必须经常打扫和整理，配置有专用放射性废物桶和废液缸。对放射源要有严格管理制度，实验室工作人员要定期进行体格检查。

上述要求的宽严程度也随实际操作放射性水平的高低而异。对操作具有微量放射性的环境类样品的实验室，上列各项措施中有些可以省略或修改。

2. 放射性计测实验室

放射性计测实验室装备有灵敏度高、选择性和稳定性好的放射性计量仪器和装置。设计实验室时，特别要考虑放射性本底问题。实验室内放射性本底来源于宇宙射线、地面和建筑材料，甚至测量用屏蔽材料中所含的微量放射性物质，以及邻近放射化学实验室的放射性沾污等。对于消除或降低本底的影响，常采用两种措施：一是根据其来源采取相应措施，使之降到最低限度；二是通过数据处理，对测量结果进行修正。此外，对实验室供电电压和频率要求十分稳定，各种电子仪器应有良好接地线和进行有效的电磁屏蔽；室内最好保持恒温。

（三）辐射污染监测方法

1. 辐射污染监测对象

①现场监测。对放射性物质生产或应用单位内部工作区域所做的监测。

②个人剂量监测。对放射性专业工作人员或公众做内照射和外照射的剂量监测。

③环境监测。对天然本底、核试验、核企业、生产和使用放射性核素以及其他场所的监测。

具体测量内容包括：①放射源强度、半衰期、射线种类及能量；②环境和人体中放射物质含量、放射性强度、空间照射量或电离辐射剂量。

2. 辐射污染监测方法

辐射污染监测方法有定期检测和连续监测。定期检测的一般步骤是采样、样品预处理、样品总放射性或放射性核素的测定；连续监测是在现场安装放射性自动检测仪器，实现采样、预处理和测定自动化。

对环境样品进行放射性测量和对非放射性环境样品监测过程一样，也是经过以下三个过程：样品采集—样品前处理—仪器测定。

根据下列因素决定采集样品的种类：

①监测目的和监测对象；

②待测核素的种类、辐射特性及其物理化学形态；

③在环境中的迁移及影响；

④有时要同时采集大气、水、土壤和生物样品来确定某污染源或某地区的放射性污染状况。

3. 样品采集

（1）放射性沉降物的采集

沉降物包括干沉降物和湿沉降物。主要来源于大气层核爆炸所产生的放射性尘埃，小部分来源于人工放射性微粒。

对于放射性干沉降物可用水盘法、黏纸法、高罐法采集。水盘法是用不锈钢或聚乙烯塑料制圆形水盘采集沉降物，盘内装有适量的稀酸，沉降物少的地区加硝酸锶或氯化锶载体。将水盘放于采样点，始终保持盘中有水，暴露 24 h。样品经过浓缩、灰化等处理后，做总 β 放射性测量。高罐法采用不锈钢或聚乙烯圆柱形罐暴露在空气中采集沉降物。

湿沉降物指随雨（雪）降落的沉降物，其采集方法除上述方法外，常用一种能同时对雨水中核素进行浓集的采样器（离子交换树脂湿沉降物采集器）。

（2）放射性气溶胶的采集

常用方法有过滤法、沉积法、黏着法、撞击法和向心法等。

滤料阻留采样法简单，应用最广，其原理与大气中颗粒物的采集相同。采样设备包括过滤器、过滤材料、抽气动力和流量计等。采样时抽气流速为 100～200 L/min，气溶胶被阻挡在滤布或特制微孔滤膜上。采样结束后，将过滤材料取下，进行样品源的制备与放射性测量。

（3）其他类型样品的采集

其他类型样品的采集与非放射性样品的采集相近。

4. 样品预处理

（1）目的

浓集对象核素、去除干扰核素、将样品的物理形态转换成易于进行放射性检测的形态。

（2）方法

①衰变法。样品放置一段时间，使寿命短的干扰放射性核素衰变后，再对样品进行放射性测量。在测定大气中放射性气溶胶的总 α、β 放射性时常用这种方法，在用过滤法采样后，放置 4～5 h，以使短寿命的氡、钍子体蜕变殆尽。

②共沉淀法。加入共沉淀剂使待测核素得以沉淀析出。此法具有简便、实验条件易满足等优点，在某些情况下还能直接提供固态样品源，所以在微量放射性核素的分析中也是一种常用的分离浓集手段。居里夫妇发现一系列天然放射性元素便是运用这种技术。用一般化学沉淀法分离环境样品中的微量放射性核素时，有时达不到溶度积，因而不能达到分离要求。为此，可加入毫克数量级惰性载体。

③灰化法。固态样品或蒸干的水样，可放入瓷坩埚内，置于 500 ℃马弗炉中灰化一定时间，冷却后称量灰重，并转入测量盘中，均匀铺样后检测其放射性。

④电化学法。通过电解的方法将放射性核素（如 Ag、Pb、Bi 等）沉积在阴极上，或以氧化物（如 Pb、CO）的形式沉积在阳极上。该法的优点是分离纯度高。沉积在惰性金属片（或丝）电极上的沉积物可直接（或做成样品源）进行放射性测量。

⑤其他预处理方法。有机溶剂溶解法。用适宜的有机溶剂处理固态样品如飘尘、土壤、沉积物、生物样品等，使其中所含待测核素得以溶解浸出，浸出液可转入测量盘中，用红外灯烘干后进行放射性测量。

溶剂萃取法。早期是应核武器制造需要而迅速发展起来的一门专用技术，对于环境样品来说，它也是分离极微量放射性核素的最常用方法之一。该方法的特点是达到相平衡所需时间短，分离浓集效率高。

离子交换法。是目前最重要的和应用最广泛的放射化学分离法之一，可用于分离几乎所有的无机离子和许多结构复杂的有机化合物，还特别适用于同族元素分离和超微量组分的分离。

5. *环境中放射性监测*

（1）水样总 α 放射性活度的测定

水中常见辐射 a 粒子的核素有 Ra、Rn 及其衰变产物等。一般情况下，水样总 α 放射性浓度是 0.1 Bq/L，超过此值，即应进行总 α 放射性活度的测量。

测定水样总 α 放射性活度的方法如下：取一定量水样，过滤，滤液加硫酸酸化，蒸干，在低于 350 ℃温度下灰化。灰分移入测量盘中，铺匀成薄层，用闪烁探测器测量。在测量样品之前，先测量空测量盘的本底值和已知活度的标准样品（标准源），以确定探测器的计数效率，计算样品源的相对放射性活度，即比放射性活度。

水样的总 α 放射性活度计算公式：

$$Q_{\alpha} = \frac{n_{c} - n_{b}}{n_{s} V}$$

（2）水样总 β 放射性活度测量

水中的 β 射线常来自 K、Sr、I 等核素的衰变，一般认为安全水平为 1 Bq/L。水样总 β 放射性活度测量步骤基本与测量总 α 放射性活度相同，但检测器用低本底的盖革计数管，且以含 K 的化合物做标准源。

（3）土壤中总 α、β 放射性活度的测量

采集 4～5 份表土，除去杂物，晾干（或烘干），压碎，缩分，直至剩 200～300 g 土样，再进行 500 ℃灼烧，冷却后研细、过筛备用。称取适量上述土样于测量盘中，铺匀，用相应的探测器分别测量 α 和 β 比放射性活度（测 β 放射性的样品层应厚于测 α 放射性的样品层）。

土壤中总 α、β 放射性活度的测量

$$Q_{u} = \frac{(n_{c} - n_{b}) \times 10^{6}}{60 \cdot \varepsilon \cdot S \cdot l \cdot F}$$

$$Q_{\beta} = 1.48 \times 10^{4} \frac{n_{\beta}}{n_{KCl}}$$

（4）氡的测定

氡是一种天然产生的放射性气体，来源于自然界中铀的放射性衰变，它本身会发生天然衰变并产生具有放射性的衰变产物。受到氡和氡衰变产物的照射会使患肺癌的危险性增加。氡与空气作用时，能使空气电离，因而可用电离型探测器通过测量电离电流测定其浓度，测量时可采用活性炭吸附法浓缩样品中的氡；水体中氡的测定也可用闪烁探测器通过测量由氡及其子体衰变时所放出的 α 粒子测定其浓度。

空气中 222 Rn 的含量：

$$A_{Rn} = \frac{K \cdot (J_{c} - J_{b})}{V} \cdot f$$

（5）各种形态的碘-131 的测定

碘-131 是裂变产物之一，它的裂变产额较高，半衰期较短，可作为反应堆中核燃料元件包壳是否保持完整状态的环境监测指标，也可以作为核爆炸后有无新鲜裂变产物的信号。

大气沉降物、液态或固态动植物样品中的碘-131 呈各种化学形态和状态，收集各种形态的含碘-131 样品后，可用四氯化碳萃取法制得样品源，然后放于测量盘中测 β 计数。

对例行大气环境监测，可在低流速下连续采样一周或一周以上，然后用γ谱仪定量测定各种化学形态的碘-131。

（6）个人外照射剂量的测定

外照射主要来自天然放射源发射的γ、β辐射对人体外部的照射，约占天然本底照射的80%。个人外照射剂量可用佩戴在身上、能对辐射剂量进行累积的小型、轻便、易使用的个人剂量计测量，常用的个人剂量计有袖珍电离室、胶片剂量计、热释光体和荧光玻璃。

第三节　电磁辐射污染监测

一、概述

随着现代科技的高速发展，一种看不见、摸不着的污染源日益受到各界的关注，这就是被人们称为“隐形杀手”的电磁辐射。越来越多的电子、通信设备投入使用，使得各种频率的不同能量的电磁波充斥着地球的每一个角落乃至更加广阔的宇宙空间，电磁波作用于人体时，一部分被人体吸收，被吸收的电磁波能量达到一定强度时就会使人体发热，超过一定限度人体就会出现高温生理反应，从而有害人的健康。电磁辐射对人的影响程度与辐射强度、频率、作用时间、环境等因素有关，辐射强度越大、作用于人体的时间越长、频率越高，影响就越大。一定程度的电磁辐射对人体的伤害已成定论，是危害人类健康的大敌。因此，电磁辐射污染问题已受到普遍关注。世界卫生组织把电磁辐射污染列为继水、气、声之后的第四大污染。联合国人类环境会议也已将其列为环境保护项目之一。世界各国都十分重视越来越复杂的电磁环境及其造成的影响，电磁环境保护已经成为一个迅速发展的新学科领域，为了保护环境，保护人类健康，保障信息安全，必须对电磁辐射加以防护，电磁辐射污染的防护已经刻不容缓。

（一）电磁辐射

在电磁振荡的发射过程中，电磁波在自由空间以一定速度向四周传播，这种以电磁波传递能量的过程或现象称为电磁辐射。

电磁辐射产生的方式：天然（地球的热辐射、太阳的辐射、宇宙射线和雷电等）；人工（高频感应加热设备、高频介质加热设备、短波和超短波理疗设备、微波发射设备和无线电广播与通信等各种射频设备）。

（二）电磁辐射污染的危害

电磁辐射污染是指天然和人为的各种电磁波的干扰及有害的电磁辐射。

1. 电磁辐射对人类健康的影响

电磁辐射作用于人体有热效应和非热效应，从而引起人的生理和病理变化。高频电磁辐射作用于生物体后，一部分被吸收，被吸收的电磁能量使组织内的分子和电介质的偶极子产生振动，媒质的摩擦把动能变为热能，从而引起温升。辐射的功率、频率、波形、环境温度以及被照射的部位等对伤害的深度和程度产生一定的影响。这种温升对人体产生的效应称为热效应。

除了上述热效应以外，高频电磁辐射对人体还有非热效应。人体暴露在强度不大的辐射环境中，体温没有明显升高，但往往出现一些反应，如破坏脑细胞并引起血液内白细胞和红细胞变化，还可使血凝的时间缩短。

2. 电磁辐射对电气设备的影响

由于各种设备所辐射的杂散信号在空间中传播，会对其他设备的有用信号造成干扰，如广播混频，电视声、图干扰，电话杂音（由于非线性器件有检波能力），心脏起搏器停止，飞机导航失控，仪器失灵，炸弹引炸，电磁场使金属带电，电火花导致燃油起火，工频磁场对阴极射线管电子束的偏移，引起电视、电脑图像抖动。

二、电磁辐射监测

电磁辐射的监测按监测场所分为作业环境监测、特定公众暴露环境监测、一般公众暴露环境监测。按监测参数分为电场强度监测、磁场强度监测和电磁监测。场功率通量密度等监测仪器根据测量目的分为非选频式宽带辐射测量仪和选频式辐射测量仪。

由于对电磁辐射造成的健康危害的不同理解，不同国家制定的电磁辐射标准差别很大。

标准较严的国家有俄罗斯、中国、意大利等（考虑了电磁辐射对人体神经效应方面的长期影响）。

我国制定的微波辐射标准分为居民（公众）标准，即每天 24 h 连续照射标准；职业标准，即每天照射时间不超过 8 h 标准。

居民标准（一级标准）为安全区标准。当 24 h 连续照射时，在该环境电磁波强度下长期居住、工作、生活的一切人群，均不会受到任何有害影响。在这个区域中新建、改建或扩建的电台、电视台和雷达站等发射天线，在其居民覆盖区内，必须符合“一级标准”的要求。

（一）电磁辐射污染源监测方法

1. 环境条件

应符合行业标准和仪器标准中规定的使用条件。测量记录表应注明环境温度、相对湿度。

2. 测量仪器

可使用各向同性响应或有方向性电场探头或磁场探头的宽带辐射测量仪。采用有方向性探头时，应在测量点调整探头方向以测出测量点最大辐射电平。

测量仪器工作频带应满足待测场要求，仪器应经计量标准定期鉴定。

3. 测量时间

在辐射体正常工作时间内进行测量，每个测点连续测 5 次，每次测量时间不应小于 15 s，并读取稳定状态的最大值。若测量读数起伏较大，应适当延长测量时间。

4. 测量位置

测量位置取作业人员操作位置；距地面 0.5 m、1 m、1.7 m 三个部位。

辐射体各辅助设施（计算机房、供电室等）作业人员经常操作的位置，测量部位距地面 0.5～1.7 m。辐射体附近的固定哨位、值班位置等。

（二）环境电磁辐射测量方法

1. 测量条件

（1）气候条件

气候条件应符合行业标准和仪器标准中规定的使用条件。测量记录表应注明环境温度、相对湿度。

（2）测量高度

离地面 1.7～2 m。也可根据不同目的，选择测量高度。

（3）测量频率

以电场强度测量值大于 50 dBμV/m 的频率作为测量频率。

（4）测量时间

本测量时间为 5：00—9：00、11：00—14：00、18：00—23：00 城市环境电磁辐射的高峰期。24 h 昼夜测量，昼夜测量点不应少于 10 个点。测量间隔时间为 1 h，每次测量观察时间不应小于 15 s，若指针摆动过大，应适当延长观察时间。

2. 布点方法

（1）典型辐射体环境测量布点

对典型辐射体，比如对某个电视发射塔周围环境实施监测时，则以辐射为中心，按间隔45°的8个方位为测量线，每条测量线上分别选取距场源30 mm、50 mm、100 mm等不同距离定点测量，测量范围根据实际情况确定。

（2）一般环境测量布点

对整个城市电磁辐射测量时，根据城市测绘地图，将全区划分为1×1 km^2 小方格，取方格中心为测量位置。

按上述方法在地图上布点后，应对实际测点进行考察。考虑地形地物影响，实际测点应避开高层建筑物、树木、高压线以及金属结构等，尽量选择空旷地方测试。允许对规定测点调整，测点调整最大为方格边长的1/4，对特殊地区方格允许不进行测量。需要对高层建筑测量，应在各层阳台或室内选点测量。

3. 测量仪器

（1）非选频式辐射测量仪

具有各向同性响应或有方向性探头的宽带辐射测量仪属于非选频式辐射测量仪。用有方向性探头时，应调整探头方向以测出最大辐射电平。

（2）选频式辐射测量仪

各种专门用于EMI测量的场强仪，干扰测试接收机，以及用频谱仪、接收机、天线自行组成的测量系统经标准场校准后可用于此目的。测量误差应小于±3 dB，频率误差应小于被测频率的 10^{-3} 数量级。该测量系统经模/数转换与微机连接后，通过编制专用测量软件可组成自动测试系统，完成数据的自动采集和统计。

自动测试系统中，测量仪可设置于平均值（适用于较平稳的辐射测量）或准峰值（适用于脉冲辐射测量）检波方式。每次测试时间为8～10 min，数据采集取样率为2次/s，进行连续取样。

4. 数据处理

如果测量仪器读出的场强瞬时值的单位为dBμV/m，则用下列公式换算成以V/m为单位的场强：

$$E_i = 10^{\left(\frac{x}{20}-6\right)} \quad (\text{V/m})$$

式中：E_i——在某测量位、某频段中被测频率的测量场强瞬时值（V/m）。

x——场强仪读数（dBμV/m），然后依次按下列各公式计算：

$$E = \frac{1}{n}\sum^{n} E_i \quad (\text{V/m})$$

式中：n——E_i 值的读数个数；

E——在某测量位、某频段中各被测频率 i 的场强平均值（V/m）。

$$E_i = \sqrt{\sum^{n} E^2} \quad (\mathrm{V/m})$$

$$E_G = \frac{1}{M}\sum E_s \quad (\mathrm{V/m})$$

式中：E_s——在某测量位、某频段中各被测频率的综合场强（V/m）；

E_G——在某测量位，在 24 h 内（或一定时间内）测量某频段后的总的平均综合场强（V/m）；

M——在 24 h 内（或一定时间内）测量某频段的测量次数。

测量的标准误差仍用通常公式计算。

对于自动测量系统的实测数据，可编制数据处理软件，分别统计每次测量中测值的最大值 E_{max}、最小值 E_{min}、中值、95%和 80%时间概率的不超过场强值 E（95%）、E（80%），上述统计值均以 dBμV/m 表示。还应给出标准差值 σ（以 dB 表示）。

5. 绘制污染图

绘制频率—场强、时间—场强、时间—频率、测量位—总场强值等各组对应曲线。

典型辐射体环境污染图：以典型辐射体为圆心，标注等场强值线图，或以典型辐射为圆心，标注等值线图。

居民区环境污染图：在有比例的测绘地图上标注等场强值线图，标注等值线图；根据需要亦可在各地区地图上做好方格，用颜色或各种形状图线表示不同场强值。

6. 测试报告

按照测试数据完成测试报告。

第四节　环境振动监测

振动是物体围绕平衡位置做往复运动而产生的，同时也是噪声产生的原因。机械设备产生的噪声有两种传播方式：一是以空气作为介质向外传播，称为空气声；二是声源直接激发固体结构振动，这种振动以弹性波的形式在基础、地板、墙缝中传播，并在传播过程中向外辐射噪声，称为固体声。振动能传播固体声而造成噪声危害；同时振动本身能使机械设备、建筑结构受到破坏、人的机体受到损伤。

环境振动是指特定环境条件引起的所有振动，通常是由远近许多振动源产生的振动组合，属于一种无规则的随机振动，其频率范围 1～80 Hz。

振动测量和噪声测量是相关的，部分仪器可以通用。只是将噪声测量系统中声音传感器换成振动传感器，将声音计权网络换成振动计权网络，就成为所需要的振动测量系统。但振动频率往往低于噪声的频率。人感觉振动以振动加速度表示，一般人的可感振动加速度为 0.03 m/s^2，而感觉不适的振动加速度为 0.5 m/s^2，不能容忍的振动加速度为 5 m/s^2，人的可感振动频率最高为 1000 Hz，但仅对 100 Hz 以下振动才比较敏感，而最敏感的振动频率与人体共振频率相等或相近。人体共振频率在直立式时为 4～10 Hz，俯卧时为 3～5 Hz。

环境振动仪一般由拾振器、放大器和衰减器、频率计权、检波-平均、指示器等部分组成。

一、环境振动类型

（一）稳态振动

稳态振动为观测时间内振级变化≤3 dB 的环境振动，包括旋转机械类（例如通风机、发电机、电动机、水泵等）和往复运动机械类（例如采油机、空压机、纺织机等）等所引起的环境振动。

（二）冲击振动

冲击振动是具有突发性振级变化的环境振动，包括锻压机械类（例如锻锤、冲床等）和建筑施工机械类（例如打桩机等）及爆破等所引起的环境振动。

（三）无规振动

无规振动是未来任何时刻不能预先确定振级的环境振动，包括道路交通及桥梁振动和居民生活振动（例如房屋装修、厨房操作等）等引起的环境振动。

（四）混合振动

混合振动是由稳态振动、冲击振动和无规振动中两种或两种以上振动（例如旋转机械和建筑施工机械等一起工作）同时作用产生的环境振动。

二、城市区域环境振动标准

本标准值适用于连续发生的稳态振动、冲击振动和无规则振动。每日发生几次的冲击振动，其最大值昼间不允许超过标准值 10 dB，夜间不超过 3 dB。

（一）适用地带范围的划定

特殊住宅区；居民、文教区；混合区；商业中心区（指商业集中的繁华地区）；工业集中区；交通干线道路两侧；铁路干线两侧；标准使用的地带范围；标准昼夜。

（二）监测布点

测量点在建筑物室外 0.5 m 以内振动敏感处，必要时测量点置于建筑物室内地面中央，标准值均取表中的值。

1. 区域敏感点环境振动监测，主要包括稳态振动、冲击振动、无规振动和混合振动。测点设在各类区域建筑物室外 0.5 m 以内振动敏感处，必要时测点置于建筑物室内地面中央。

2. 厂界、施工场界和交通振动引起的区域敏感点环境振动监测，测点设在影响区域敏感点的建筑物室外 0.5 m 以内，必要时测点置于建筑物室内地面中央。

3. 铁路、城市轨道交通等交通干线两侧区域敏感点环境振动监测，测点设在交通干线两侧距轨道外轨 30 m 以外的居民住宅外 0.5 m 以内，必要时测点置于建筑物室内地面中央；对于两小时内列车次数不足 10 次的，敏感点环境振动测点设在距离轨道外轨最近的居民住宅外 0.5 m 以内，必要时测点置于建筑物室内地面中央。

（三）测量条件

测量过程中振动源应当处于正常工作状态。拾振器应确保平稳地安放在平坦、坚实的地面上，避免置于如地毯、草地、沙地或雪地等松软的地面上。拾振器的灵敏度主轴方向应保持铅垂方向。

测量应在无雨雪、无雷电的天气环境下进行。测量过程中应当避免足以影响环境振动测量值的其他环境因素，如剧烈的温度梯度变化、强电磁场、强风、地震或其他非振动源引起的干扰。测量过程中保证仪器电压稳定。

（四）测量时间

区域环境振动监测，分为两个时段：昼间和夜间。昼间是指一天内 6 时至 22 时，夜间是指 22 时至次日 6 时。县级以上人民政府为环境振动污染防治的需要（如考虑时差、作息习惯差异等）而对昼间、夜间的划分另有规定的，应按其规定执行。做 24 h 监测时，在规定的测量时间内，每 1 h 取一段时间，在此时间内每次每个测点测量不小于 10 min 的铅垂向 Z 振级（VLz）。测量时段可以任意选择，但 2 次监测的时间间隔应该为 1 h。以 1 次测量结果表示该区域某时段的振动，应根据实际情况，选择恰当的时间，要求在该时间内所得测量结果 VLz 值与整个时段的平均 VLz 值的偏差最小。在此时间内每个测点测量不小于 10 min 的铅垂向 Z 振级（VLz）。

第六章　区域环境规划与管理

第一节　区域环境规划

一、区域环境规划的程序和内容

（一）区域环境规划的类型

区域环境规划涵盖面非常广泛，关于区域环境的计划安排都可以算是区域环境规划。因研究问题的角度、采取的划分方法不同，可以对区域环境规划进行不同的分类，一般以时间长度、内容等方面划分区域环境规划类型。

从规划跨越的时间长度来看，区域环境规划可以分为长期环境规划、中期环境规划和短期环境规划。长期环境规划是纲要性规划，一般为10年以上，内容是确定环境保护战略目标、主要环境问题的重要指标、重大政策措施。中期环境规划是基本规划，一般为5～10年，主要内容是确定环境保护目标、主要指标、环境功能区划、主要环境保护设施建设和技术改造项目及环保投资的估算和筹集渠道等。短期环境规划，即环境保护年度计划，是中期规划的实施计划，内容比中期规划更为具体、可操作，并有所侧重。

从规划的内容上来看，区域环境规划可以分为区域宏观环境规划和区域专项环境规划，它们的内容既有区别也有联系。区域宏观环境规划是一种战略层次的环境规划，主要包括经济发展和环境保护趋势分析、环境保护目标、环境功能区划、环境保护战略、区域污染控制、生态建设与生态保护规划方案等。作为区域环境规划的重要组成部分，主要内容是分析区域土地利用、社会和经济发展的趋势，在总体规划的基础上，分析造成环境污染的主要资源的宏观需求与供给状况。宏观环境规划的另一方面是要与各环境要素专项规划相协调，与各环境要素详细规划之间保持目标的一致性、技术措施相互对应、方案之间相互协调。区域专项环境规划包括大气污染综合防治规划、水环境污染综合防治规划、固体废弃物环境规划、噪声污染控制规划、区域环境综合整治规划、乡镇（农村）环境综合整治规划，有些区域还有近岸海域环境保护规划等。这些专项规划一般还有分年度、分阶段实施的详细方案。在专项的大气、水环境规划中，又可以从区域重点解决问题和所用方法分为污染综合整治规划和污染物排放总量控制规划。如果区域污染比较严重，一般要制订污染综合整治规划；如果是新开发地区，或者要重点考虑区域环境对未来的社会经济发展所能提供的承载能力，要制订污染物排放总量控制规划，可以是区域制订，也可以是部门制订。

（二）区域环境规划的内容

区域环境规划是针对区域环境保护，对环境管理所做的计划安排。从某种意义上来说，区域环境规划就是对区域环境资源进行分配与调整，实现资源的合理配置的过程。我国区域环境规划的理论体系和工作程序尚未统一，但其编制的基本内容有许多相近之处。主要应该有：

第一，区域环境现状调查与评价；

第二，区域环境预测；

第三，区域环境规划目标确定；

第四，制定区域环境规划指标体系；

第五，区域环境功能区划；

第六，区域环境规划方案设计与优化；

第七，区域环境规划实施与管理。

1. 区域环境现状调查与评价

首先要对所要规划地区的自然、社会、经济基本状况，土地利用、水资源供给、生态环境、居民生活状况，以及对大气、水、土壤、噪声和固体废弃物等环境质量状况进行详尽的调查，收集相关数据进行统计分析，按照国家制定的环境标准和评价方法做出相应的环境质量评价，阐明区域环境污染的现状，为区域环境规划提供科学依据。

2. 区域环境预测

在现状调查和评价的基础上，进行环境影响预测和规划。即根据现有状况和发展趋势对规划年限内的环境质量进行科学预测。预测主要包括社会发展、经济发展预测和污染产生与排放量预测。

（1）社会发展和经济发展预测

社会发展预测重点是人口预测，其他要素因时因地确定。经济发展预测要注意经济社会与环境各系统之间和系统内部的相互联系和变化规律，重点是能源消耗预测、国民生产总值预测、工业总产值预测，同时对经济布局与结构、交通和其他重大经济建设项目做必要的预测与分析。经济发展预测要注重选用社会和经济部门（特别是计划部门）的资料和结论。

（2）污染产生与排放量预测

参照环境规划指标体系的要求选择预测内容，污染物总量预测的重点是确定合理的排污系数（如单位产品和万元工业产值排污量）和弹性系数（如工业废水排放量与工业产值的弹性系数），从而得到相应的污染物产生和排放量。主要包括：

①大气污染物排放量预测；

②废水排放量预测；

③区域噪声和区域交通干线噪声预测；

④生活垃圾和工业废渣产生量预测；

⑤环境污染治理和环保投资预测等。

3. 区域环境规划目标确定

区域环境规划目标是区域环境规划的核心内容，是对规划对象（区域）未来某一阶段环境质量状况的发展方向和发展水平所做的规定。它既体现了环境规划的战略意图，也为环境管理活动指明了方向，提供了管理依据。

区域环境规划目标应体现环境规划的根本宗旨，即要保障经济和社会的持续发展，促进经济效益、社会效益和生态环境效益的协调统一。因此，区域环境规划目标既不能过高，也不能过低，而要恰如其分，做到经济上合理、技术上可行和社会上满意。只有这样，才能发挥区域环境规划目标对人类活动的指导作用，才能使环境规划纳入国民经济和社会发展规划成为可能。

4. 制定区域环境规划指标体系

区域规划指标体系中包括直接指标与间接指标，直接指标主要包括环境质量指标和污染物总量控制指标，间接指标主要包括区域建设指标、自然生态指标和与环境规划相关的经济与社会发展指标。具体如下：

（1）环境质量指标

①空气质量指标，二氧化硫、TSP、PM10、臭氧等。

②水环境质量指标，区域地面水 COD、BOD、DO、重金属浓度等。

③噪声环境质量指标，分为交通噪声与功能区噪声。

（2）污染物总量控制指标

包括大气污染物排放指标、空气污染治理指标、水污染物排放指标、水污染治理指标、噪声污染治理指标、固体废弃物排放量指标和固体废弃物治理指标。

（3）基础建设指标与社会经济指标

包括区域建设指标、自然生态指标和与环境规划相关的经济与社会发展指标。

5. 区域环境功能区划

区域环境功能区划是区域环境规划的基础性工作，也是区域环境规划的重要依据。根据区域性质，区域环境功能区可分为工业区、居民区、商业区、机场、港口、车站等交通枢纽区、风景旅游或文化娱乐区、特殊历史纪念地。

6. 区域环境规划方案设计与优化

区域环境规划方案的设计应因地制宜，紧扣目标，充分了解环境问题和污染状况，明了自身的治理和管理技术，现有设备及可能投入的资金及环境污染削减能力和承载力。同时在设计中，提出的各种措施和对策一定要考虑是否抓住问题实质，能不能实现，是否对准目标，等等。其次要以提高资源利用率为中心。环境污染实质是资源和能源的浪费，在规划方案设计中，空气污染综合整治、生态保护、总量控制、生产结构与布局规划都要围绕资源利用率这个中心。当然方案的设计还应遵循国家或地区有关政策法规，要在政策允许范围内考虑设计方案，提出对策和措施，避免与之抵触。其设计过程如下：

（1）分析调查评价结果

包括环境质量、污染状况、主要污染物和污染源，现有环境承载力、污染削减量、现有资金和技术，从而明确环境现状、治理能力和污染综合防治水平。

（2）分析预测的结果

摆明环境存在的主要问题，明确环境现有承载能力、削减量和可能的投资、技术支持，从而综合考虑实际存在的问题和解决问题的能力。

（3）列出目标

详细列出环境规划总目标和各项分目标，以明确现实环境与环境目标的差距。

（4）制定环境发展战略和主要任务

从整体上提出环境保护方向、重点、主要任务和步骤。

（5）制定环境规划的措施和对策

运用各种方法制定针对性强的措施和对策，如区域环境污染综合防治措施、生态环境保护措施、自然资源合理开发利用措施、调整生产力布局措施、土地规划措施、城乡建设规划措施和环境管理措施。

在制订环境规划时，一般要做多个不同的规划方案，经过对比分析，确定经济上合理、技术上先进、满足环境目标要求的几个最佳方案作为推荐方案。方案优化是编制环境规划的重要步骤和内容。方案的对比要具有鲜明的特点，比较的项目不宜太多，要抓住起关键作用的因素作比较。不要片面追求技术先进或过分强调投资，要从实际出发，注意采用费用—效益分析、最优化分析等科学方法，选择最佳方案。为了实现环境目标要求，可以在有关因素（经济、社会、技术等）约束下提出各种初始方案；初始方案又是各种措施的组合，往往多达几个、十几个，因而需要选用恰当方法进行优化。

7. 区域环境规划实施与管理

生态环境部要与市政建设部门密切联系，将大中型污染治理项目和生态保护项目列入区域建设计划项目中；把无废少废工艺项目和综合利用项目列入国家和地方更新改造项目计划中；把须引进国外先进技术的环保项目列入国家利用外资项目中。结合环境管理制度的推行，把分解的环境目标分别纳入有关管理计划中，特别是纳入目标责任制和区域环境综合整治定量考核工作计划中。

（1）将环保规划内容纳入地区国民经济与社会发展计划

环保计划必须有明确的目标和达到目标的指标体系，包括综合指标和形成专项计划书的指标。环保计划须与环境保护责任目标、区域环境综合整治定量考核、限期治理，重大工程建设项目等实际工作相对应，并紧密结合起来，并与环境统计、考核工作相协调。环保计划应与区域的经济发展计划相对应，同步编制并纳入其中，参与综合平衡。环保计划特别是年度计划的指标、任务、措施、资金、考核目标、责任承担等，均须定量化和具体化，逐条逐项层层落实。所列环保项目数据应齐全，能检测，有资金保证。环保计划要从实际出发，与经济支撑能力相适应，并充分考虑科学技术进步的作用。

（2）分解落实环境规划目标

将环境规划目标从空间分解为宏观质量指标和污染物削减指标。宏观质量指标指大气质量指标、水环境质量指标、噪声控制指标、固体废弃物综合利用与处理指标、自然保护或生态保护指标等，各类指标的选择应能保证地区的环境功能；污染物削减指标有主要削减的污染物及分期分批削减量，主要须完成的治理工程等。还应按行业或企业污染治理任务进行分解，根据规划编制过程中的污染排序实行分解，实行多排放者多削减原则。抓住主要影响地区或功能区环境质量的行业或企业，实行有重点的分配和有重点的负担。按投资少而污染物削减量大的原则实行优化分配，增强规划分解的合理性和可行性。

（3）落实环境保护资金

区域环境规划的实施关键在于落实环境保护资金，对环境保护资金渠道明确规定如下：

①一切新建、扩建、改建工程项目（含小型建设项目），必须严格执行“三同时”的规定，并把治理污染所需资金纳入固定资产投资计划。同时由建设部会同国家计委、农牧

渔业部尽快研究制定小型企业环境保护法规，报国务院审批颁布实行。新项目的环境影响评价费，在可行性研究费用中支出，要适当增加项目的可行性研究费用。在建项目需要补做环境影响评价时，其费用应包括在该建设项目的投资——不可预见费用中列支。

②各级经委、各级经委和地方有关部门及企业所掌握的更新改造资金中，每年应拿出7%用于污染治理；污染严重、治理任务重的，用于污染治理的资金比例可适当提高。企业留用的更新改造资金，应优先用于治理污染。企业的生产发展基金可以用于治理污染。集体企业治理污染的资金，应在企业、公积金、合作事业基金或更新改造资金中安排解决。

③大中区域按规定提取的区域维护费，要用于结合基础设施建设进行的综合性环境污染防治工程，如能源结构改造建设、污水及有害废弃物处理等。

④企业缴纳的排污费要有 80%用于企业或主管部门治理污染源的补助资金。其余部分由各地环境保护部门掌握，主要用于补助环境保护部门监测仪器设备购置、监测业务活动经费不足的补贴、地区综合性污染防治措施和示范科研的支出，以及宣传教育、技术培训、奖励等方面，不准挪作与环境保护无关的其他用途。

⑤工矿企业为防治污染、开展综合利用项目所产产品实现的利润，可在投产后五年内不上缴，留给企业继续治理污染，开展综合利用。工矿企业为消除污染、治理“三废”、开展综合利用项目的资金，可向银行申请优惠贷款。属于技术改造性质的，可向工商银行申请贷款；属于基建性质的，可向建设银行申请贷款。工矿企业用自筹资金，缴纳排污费单位用环境保护补助资金治理污染的工程项目，以及因污染搬迁另建的项目，免征建筑税。

⑥关于防治水污染问题，应根据河流污染的程度和国家财力情况，提请列入国家长期计划，有计划有步骤地逐项进行治理。

⑦环境保护部门为建设监测系统、科研院（所）、学校以及治理污染的示范工程所需要的基本建设投资，按计划管理体制，分别纳入中央和地方的环境保护投资计划。这方面的投资数额要逐年有所增加。

⑧环境保护部门所需科技三项费用和环境保护事业费，应由各级科委和财政部门根据需要和财力可能，给予适当增加。

此外，还可以通过地方自筹、企业及私人参与、对外合作等方式多方筹集资金，确保规划项目和环境目标的实现。

（三）区域环境规划编制程序

区域环境规划所涉及的内容广泛，它实际上是由诸多环境要素规划如水体、大气、固体废物和噪声等组合在一起的综合体。这些要素规划间相互联系、相互作用和影响，构成了一个有机的整体。一般来说，区域环境规划的编制过程可概括为以下内容：

1. 通过调查研究，收集整理和分析区域环境监测的基础材料，开展污染源、区域环境质量本底调查和现状评价；掌握区域的环境现状、特征、主要环境问题和制约因素。

2. 通过分析信息、选择预测方法、确定边界条件、建立模型等一系列步骤，对区域的社会经济结构、发展规模、水平、质量等做前景预测。

3. 进行环境承载力分析。区域环境承载力是指在区域范围内，为保证区域环境质量不发生质的改变的条件下，区域环境系统所能承受的人类各种社会经济活动的能力，它可看作区域环境系统结构与区域社会经济活动适宜程度的一种表示。区域环境承载力的变化趋势，可作为区域可持续发展的判据，通过对区域环境承载力的变化趋势分析，可以获得区域的可持续发展方式。

4. 进行区域可持续发展环境指标体系研究，包括区域的环境质量、资源利用与保护、生态系统整合性等。

5. 提出区域开发利用资源、管理保护环境的途径，分析区域社会经济的发展对其环境所造成的正负影响，着重研究在区域经济发展过程中产生的不利环境影响。

6. 结合其他区域的经验与教训以及区域自身的经验与教训，提出协调区域社会经济发展与环境保护的控制方案。

7. 在数学模型的帮助下以及综合区域多方面的环境生态要素，制订区域生态系统开发、利用、保护的方案。

8. 在充分考虑区域的经济能力与环境现状后，制订区域污染源总量控制方案及区域污染物总量控制方案。

二、城镇环境基础设施规划

城镇环境基础设施规划具有对城镇环境质量目标、污染物排放总量控制目标、环境建设和环境管理项目统筹考虑、统一协调的综合性内容。它是城镇环境保护规划的组成部分，是具有阶段性目标的环境保护专项规划，要从各地的实际情况出发，与城镇发展总体规划、城镇环境保护规划相吻合。

（一）城镇环境基础设施规划内容

城镇环境基础设施规划是对某个具体的污染控制系统，如一个污水处理厂及与其有关的下水道系统做出建设规划。城镇环境基础设施规划应在充分考虑经济、社会和环境诸因素的基础上，寻求投资少、效益大的建设方案。城镇环境基础设施规划一般应包括以下四个方面：

1. 规划目标

合理的城镇环境基础设施规划与环境质量现状、环境总量和质量标准、污染控制措施、环境管理手段、资金保障以及预期目标息息相关。因此，城镇环境基础设施规划应对城镇现状和规划目标进行描述，要从城镇环境质量、污染物排放总量控制、生态环境保护、城镇环境基础设施建设、环境管理能力和规划实施的保障措施等方面加以分析，使规划制订建立在对城镇社会、经济、环境等方面清晰、翔实的评价基础之上。

2. 重点工程及投资方案

重点工程和投资方案是实现规划目标的重要基础和保障，应根据城镇的环境管理和城镇发展状况，确定切实可行的重点工程和投资方案。规划文本中应将各专项规划中有关重点工程与投资方案的内容进行汇总，作为规划的重点内容之一加以明确。重点工程和投资方案要对工程内容、规模、作用和实施时间安排等做详细描述，投资方案要提出具体的投资数量和资金渠道，并做出年度投资计划表。

3. 管理和实施保障措施

管理和实施保障措施包括体制保障和管理制度与政策保障。体制保障是指在规划编制和实施过程中，如何建立市政府及其主要领导负责，协调各有关部门及市民共同参与的有效工作运行机制，如何健全决策实施机制以及根据规划目标和任务，如何落实相关部门和相关责任人实施规划的责任。在全面达标规划的编制过程中，各地应从本地实际出发，制定保证规划实施的专门的管理制度和政策，包括地方法规、政府规章、经济激励政策、监督制度、鼓励公众参与的机制等。

4. 规划预期效益评估

根据规划目标和生态环境部的考核要求，对规划预期效益进行评估。

（二）城镇环境基础设施规划方法

1. 城镇排水系统规划

城镇排水系统规划的主要内容应包括：划定城镇排水范围、预测城镇排水量、确定排水体制、进行排水系统布局；原则确定处理后污水污泥出路和处理程度；确定排水枢纽工程的位置、建设规模和用地。

城镇排水体制应分为分流制与合流制两种基本类型。城镇排水体制应根据城镇总体规划、环境保护要求，当地自然条件（地理位置、地形及气候）和废水受纳体条件，结合城镇污水的水质、水量及城镇原有排水设施情况，经综合分析比较确定。同一个城镇的不同地区可采用不同的排水体制。新建城镇、扩建新区、新开发区或旧城改造地区的排水系统应采用分流制。在有条件的城镇可采用截流初期雨水的分流制排水系统。合流制排水体制应适用于条件特殊的城镇，且应采用截流式合流制。

（1）城镇污水量

城镇污水量应由城镇给水工程统一供水的用户和自备水源供水的用户排出的城镇综合生活污水量和工业废水量组成。城镇污水量宜根据城镇综合用水量（平均日）乘以城镇污水排放系数确定。城镇综合生活污水量宜根据城镇综合生活用水量（平均日）乘以城镇综合生活污水排放系数确定。城镇工业废水量宜根据城镇工业用水量（平均日）乘以城镇工业废水排放系数，或由城镇污水量减去城镇综合生活污水量确定。

当城镇污水由市政污水系统或独立污水系统分别排放时，其污水系统的污水量应分别按其污水系统服务面积内的不同性质用地的用水量乘以相应的分类污水排放系数后相加确定。在地下水位较高地区，计算污水量时宜适当考虑地下水渗入量。

（2）城镇废水受纳体

城镇废水受纳体应是接纳城镇雨水和达标排放污水的地域，包括水体和土地。受纳水体应是天然江、河、湖、海和人工水库、运河等地面水体。受纳土地应是荒地、废地、劣质地、湿地以及坑、塘、洼、淀等。城镇废水受纳体应符合下列条件：

①污水受纳水体应符合经批准的水域功能类别的环境保护要求，现有水体或采取引水增容后水体应具有足够的环境容量。雨水受纳水体应有足够的排泄能力或容量。

②受纳土地应具有足够的容量，同时不应污染环境，影响城镇发展及农业生产。

（3）排水分区与系统布局

污水系统应根据城镇规划布局，结合竖向规划和道路布局、坡向以及城镇污水受纳体和污水处理厂位置进行流域划分和系统布局。城镇污水处理厂的规划布局应根据城镇规模、布局及城镇污水系统分布，结合城镇污水受纳体位置、环境容量和处理后污水、污泥出路，经综合评价后确定。

雨水系统应根据城镇规划布局、地形，结合竖向规划和城镇废水受纳体位置，按照就近分散、自流排放的原则进行流域划分和系统布局。应充分利用城镇中的洼地、池塘和湖泊调节雨水径流，必要时可建人工调节池。城镇排水自流排放困难地区的雨水，可采用雨水泵站或与城镇排涝系统相结合的方式排放。

（4）污水利用与排放

水资源不足的城镇应合理利用经处理后符合标准的污水作为工业用水、生活用水及河湖环境景观用水和农业灌溉用水等。在制订污水利用规划方案时，应做到技术可靠、经济合理和环境不受影响。未被利用的污水应经处理达标后排入城镇废水受纳体，排入受纳水体的污水排放标准应符合要求。在条件允许的情况下，也可排入受纳土地。

（5）污水处理

城镇污水的处理程度应根据进厂污水的水质、水量和处理后污水的出路（利用或排放）确定。污水利用应按用户用水的水质标准确定处理程度。污水排入水体应视受纳水体水域使用功能的环境保护要求，结合受纳水体的环境容量，按污染物总量控制与浓度控制相结合的原则确定处理程度。污水处理的方法应根据需要处理的程度确定，城镇污水处理一般应达到二级生化处理标准。

2. 环境卫生公共设施

居住区、商业文化大街、城镇道路以及商场、集贸市场、影剧院、体育场（馆）、车站、客运码头、大型公共绿地等场所附近及其他公众活动频繁处，应设置垃圾收集容器或垃圾收集容器间、公共厕所等环境卫生公共设施。

（1）垃圾收集点

垃圾收集设施应与分类投放相适应，在分类收集、分类处理系统尚未建立之前，收集点的设置应考虑适应未来分类收集的发展需要。垃圾分类收集方式与处理方式应相互协调，垃圾分类收集容器应对收集的垃圾类型标识清楚，分类收集的垃圾应分类运输。

供居民使用的垃圾收集投放点的位置应固定，并应符合方便居民、不影响市容观瞻、利于垃圾的分类收集和机械化收运作业等要求。垃圾收集点的服务半径不宜超过 70 m。在规划建造新住宅区时，未设垃圾收集站的多层住宅每四幢应设置一个垃圾收集点，并建造垃圾容器间，安置活动垃圾箱（桶），容器间内应设给排水和通风设施。

有害垃圾必须单独收集、单独运输、单独处理，其垃圾容器应封闭并应具有便于识别的标志。

各类存放容器的容量和数量应按使用人口、各类垃圾日排出量、种类和收集频率计算。垃圾存放容器的总容纳量必须满足使用需要，垃圾不得溢出而影响环境。

（2）公共厕所

公共厕所的规划、设计和建设应符合市容环境卫生要求，并应符合现行行业标准的规定。凡旧城区住宅区和新建、扩建、改建的住宅小区、商业文化街、步行街、交通道路及火车站、长途汽车站（公交始末站）、大型社会停车场（库）、地铁站、轻轨站、客运码头、旅游点、公园、大型公共绿地、体育场（馆）、影剧院、展览馆、菜市场、集贸市场等人流集散场所附近，应建造公共厕所。各类城镇用地公共厕所的设置标准应符合现行国家标准。

（3）化粪池

城镇工业与民用建筑中，装有水冲式大小便器的粪便污水，应直接纳入下游设有污水处理厂的城镇污水管道系统或合流管道系统。在没有污水处理厂的地区，应建造化粪池。粪便污水和其他生活污水在户内应采用分流系统。化粪池的构造、容积应根据现行国家标准规定进行设计。

3. 环境卫生工程设施

（1）垃圾收集站

在新建、扩建的居住区或旧城改建的居住区应设置垃圾收集站，并应与居住区同步规划、同步建设和同时投入使用。收集站的服务面积不宜超过 0.8 km^2。收集站的规模应根据服务城镇内规划人口数量产生的垃圾最大月平均日产生量确定，宜达到 4 t/d 以上。收集站的设备配置应根据其规模、垃圾车厢容积及日运输车次来确定。建筑面积不应小于 80 m^2。

收集站的站前区布置应满足垃圾收集小车、垃圾运输车的通行和方便、安全作业的要求，建筑设计和外部装饰应与周围居民住宅、公共建筑物及环境相协调。收集站应设置一定宽度的绿化带。

（2）垃圾转运站

垃圾转运站宜设置在交通运输方便、市政条件较好并对居民影响较小的地区。垃圾转运量小于 1.50 t/d 为小型转运站，转运量为 150～450 t/d 为中型转运站，转运量大于 450 t/d 为大型转运站。

（3）其他垃圾处理厂

可兴建生活垃圾分拣设施，对可利用物质（包括大件垃圾）回收或资源化利用。根据地区条件，可在住宅区或宾馆、饭店、食堂等配置易腐垃圾生化处理机，减少后续处理量。有条件的大、中城镇可根据城镇总体规划设置城镇性大件垃圾处理设施。居民区和公共场所收集的有害垃圾，应集中收集后进行安全处置。建筑垃圾、工程渣土储运场应根据城镇总体规划和专业规划，有计划地建设。

其他垃圾资源化综合利用处理厂或特种垃圾处理厂的规模与用地面积，应根据处理量和处理工艺技术确定。

（三）城镇环境基础设施的建设对策

加速城镇基础设施建设，是改变城镇落后面貌，提高环境质量的首要措施。因此，在城镇的新区开发和旧区改造中，要坚持统一规划、合理布局、综合开发、配套建设的原则，努力加快城镇设施建设步伐。特别是在新的经济开发区、居民小区的规划建设中，应当将集中供热、燃气化、型煤化、供排水系统、地面绿化、道路硬化、垃圾收集和处理等同时规划、同时施工、同时使用。

1. 城镇绿化

城镇绿化是改善城镇环境状况的重要措施。目前我国城镇的绿化率普遍很低，因此，在城镇建设中，要留有一定比例的绿地。同时，要积极推行以绿化为主的生态环境建设。

（1）增加植物的多样性

多样性的绿化是优化小区环境的法宝。有数据表明，同样面积的乔、灌木和草坪组成的复层结构的综合效益（如释氧固碳、蒸腾吸收、减尘杀菌及减污防风等）为单一草坪的4～5倍，而养护管理投入之比为1∶3，生态效益的趋势是乔灌草复合型群落>灌草型群落>单一草坪>裸地。所以居住区环境建设中，应避免盲目使用大面积的单一草坪，而采用综合生态效益更佳的复合林地绿化。总之，注意到小区中植物的多样性，对乔木、灌木、花卉、草坪进行巧妙组合可以创造出优美的绿化空间。

（2）注重空间绿化

为了增加居住区的绿化量，人们采取了各种方法。例如，在挡土墙、护坡、停车场、负重小的路面等大面积铺砌部位，尽可能采用植草砖铺面；地面停车场以大冠幅乔木做车位分隔，用植草砖做停车场的铺装，既降低热辐射又增加绿地面积；对建筑，尤其是建筑物西、南两面的墙体进行屋顶绿化、阳台绿化和立体绿化；等等。总之，采用多种绿化手段将一些有碍生态环境的硬质景观加以覆盖，不但会增加绿色空间，而且还会使居住环境的景观更加完美。

2. 推行煤的清洁使用，积极改善大气质量

城镇的煤炭消耗在持续地、大幅度地增长。为了有效控制污染，改善大气环境质量，必须在煤炭的清洁使用上采取措施：要积极发展煤制气；生活能源实行以气代煤；发展集中供热或分区供热；在市区中心不准再建设分散的热效率低下的小型锅炉房，对原有小型锅炉要限期淘汰；普及型煤，禁止原煤散烧。一切燃煤装置都要配备高效除尘措施，根据城镇大气质量状况还可以对大中型燃煤装置做出脱硫、脱氮规定。另外，为了有效控制大气污染，对城镇汽车尾气的排放也要做出限制。

3. 拓宽城镇环境设施建设筹资渠道

城镇环境设施建设上的资金缺口大，解决城镇环境基础设施建设资金问题，仅靠政府拿钱是远远不够的，必须拓宽筹资渠道。一是积极争取国家的政策、资金支持；二是动员社会资本进入环保基础设施建设领域，通过制定相关政策，对环保基础设施的建设和运营

管理实行市场化运作，让投资者、管理者有利可图，进而实现环保投资的良性循环；三是落实“污染者付费”原则，尽快开征城镇污水、垃圾处理费，弥补环保设施建设资金的不足。城镇环保基础设施包括集中供暖、供气、污水处理、垃圾处理、绿化美化等。

第二节　区域环境管理

一、末端控制为基础的环境管理模式

（一）末端控制的环境管理模式

1. 末端控制的定义

末端控制又称末端治理或末端处理，是指在生产过程的终端或者是在废弃物排放到自然界之前，采取一系列措施对其进行物理、化学或生物过程的处理，以减少排放到环境中的废物总量。当前主要的污染控制手段即浓度控制、总量控制都是基于末端控制的。

末端控制是指在生产过程的末端，针对产生的污染物开发并实施有效的治理技术及管理。末端控制模式的环境手段往往是在其制造的最后制造工序或排污口建立各种防治环境污染的设施来处理污染，如建污水处理站，安装除尘、脱硫装置等以“过滤器”为代表的末端控制装置与设备，为固体废弃物配置焚烧炉或修建填埋厂等方式来满足政策与法规对废弃物的排放达到排放标准的要求。这种环境管理模式是以“管道控制污染”思想为核心，强调的是对排放物的末端管理。

2. 末端控制的特点

末端控制的环境管理模式具有线性经济模式的基本特征：

①是一种由“资源—产品—废弃物排放”单方向流程组成的开环式系统；

②在对废弃物的处理与污染的控制时，强调的是对企业自身制造过程中废弃物的控制，而对分销过程与消费者使用过程中所产生的废弃物则不予以考虑与控制；

③其环境管理的目标是通过对制造过程中的废弃物与污染的控制达到规制最低排放标准与最大排放量的要求，规避环境规制所产生的风险。

由于末端治理是一种治标的措施，投资大，效果差，而且末端治理投资一般难于在投资期限内收回，再加上常年运转费用，在法制尚不健全的强制性管理环境中，滋长了企业的消极性。

（二）污染排放的浓度控制

1. 浓度控制的定义

浓度控制是指以控制污染源排放口排出污染物的浓度为核心的环境管理的方法体系。其核心内容为国家制定环境染物排放标准，规定企业排放的废气和废水中各种污染物的浓度不得超过国家规定的限值。此外，还有不同行业污染物排放标准和省级污染物排放标准。中国以往的环境管理政策一直是以浓度控制为核心的，至今仍然是中国污染控制的基础与主要方面。

2. 环境染物排放标准

国家污染物排放标准是各种环境污染物排放活动应遵循的行为规范，国家污染物排放标准依法制定并具有强制效力。根据有关法律规定，国家污染物排放标准根据国家环境质量标准和国家技术、经济条件制定。

按照我国现行环境保护法律确立的排放标准体系，国家污染物排放标准包括水污染物排放标准、大气污染物排放标准、噪声排放标准、固体废物污染控制标准、放射性和电磁辐射污染防治标准。制定排放标准应符合有关法律、法规的规定并与现行排放标准体系相协调。

当行业排放的污染物存在在水、气介质之间转移的可能时，其排放控制要求可纳入一个排放标准中。对固体废物处理处置过程中产生的水污染物和大气污染物的排放控制要求属于排放标准范畴，但可纳入固体废物污染控制标准中。应根据行业生产工艺和产品的特点，科学、合理地设置行业型排放标准体系。行业型排放标准体系设置应反映行业的实际情况，适应环境监督执法和管理工作的需要。行业型污染物排放标准体系应完整、协调，各排放标准的适用范围应明确、清晰，行业型排放标准的设置要以能覆盖行业各种污染源、完整控制行业污染物排放为目的。行业型污染物排放标准原则上按生产工艺的特点设置，确定排放标准的合理适用范围，应全面考虑本标准与相关排放标准的关系，避免适用范围的重叠，要严格控制行业型排放标准的数量。

（三）环境污染总量控制

1. 总量控制的提出

20 世纪 90 年代中期后，我国开始推行污染物排放总量控制措施。污染物排放总量控制（以下简称“总量控制”）正式作为中国环境保护的一项重大举措。

2. 总量控制的定义

总量控制是污染物排放总量控制的简称，它将某一控制区域作为一个完整的系统，采取措施将排入这一区域内的污染物总量控制在一定数量之内，以满足该区域的环境质量要求。

污染物总量控制是以环境质量目标为基本依据，对区域内各污染源的污染物的排放总量实施控制的管理制度。在实施总量控制时，污染物的排放总量应小于或等于允许排放总量。区域的允许排污量应当等于该区域环境允许的纳污量。环境允许纳污量则由环境允许负荷量和环境自净容量确定。污染物总量控制管理比排放浓度控制管理具有较明显的优点，它与实际的环境质量目标相联系，在排污量的控制上宽、严适度；由于执行污染物总量控制，可避免浓度控制所引起的不合理稀释排放废水、浪费水资源等问题，有利于区域水污染控制费用的最小化。

3. 总量控制的类型

总量控制的真正意义是负荷分配，即根据排污地点、数量和方式对各控制区域不均等地分配环境容量资源。对于总量控制，通常的提法有“目标总量控制”和“容量总量控制”，还有“行业总量控制”。具体又有国家总量控制计划、省级总量控制计划、城市总量控制计划和企业总量控制计划等。总量控制包含三方面的内容：一是排放污染物的总重量；二是排放污染物总量的地域范围；三是排放污染物的时间跨度。因此，总量控制是指以控制一定时段内一定区域中排污单位排放污染物的总重量为核心的环境管理方法体系。这里的时段可以是10年、5年、1年、1季或者1月；区域可以是全国、大区域流域、省，也可以是城市或城市内划定的区域。但一般为地理上的连续区域。

（1）目标总量控制

以排放限制为控制基点，从污染源可控性研究入手，进行总量控制负荷分配。目标总量控制的优点是：不需要过高的技术和复杂的研究过程，资金投入少；能充分利用现有的污染排放数据和环境状况数据；控制目标易确定，可节省决策过程的交易成本；可以充分利用现有的政策和法规，容易获得各级政府支持。但目标总量控制在污染物排放量与环境质量未建立明确的响应关系前，不能明确污染物排放对环境造成的损害及其对人体的损害和带来的经济损失。所以，目标总量控制的“目标”实际上是不准确的，这意味着目标总量控制法的整体失效。

（2）容量总量控制

以环境质量标准为控制基点，从污染源可控性、环境目标可达性两方面进行总量控制负荷分配。容量总量控制是环境容量所允许的污染物排放总量控制，它从环境质量要求出发，在充分考虑环境自净能力的基础上，运用环境容量理论和环境质量模型，计算环境允许的纳污量，并据此确定污染物的允许排放量；通过技术经济可行性分析、优化分配污染负荷，确定出切实可行的总量控制方案。总量控制目标的真正实现必须以环境容量为依据，充分考虑污染物排放与环境质量目标间的输入响应关系，这也是容量总量控制的优点所在——将污染源的控制水平与环境质量直接联系。

（3）行业总量控制

以能源、资源合理利用为控制基点，从最佳生产工艺和实用处理技术两方面进行总量控制负荷分配。

这里所说的总量控制更注重环境质量与排放量之间的科学关系，个别污染源的削减与环境质量的科学关系，缺乏政策方面的考虑。其着眼点是技术性的规划，而不是管理的政策。为便于区别，可称为总量控制规划。

我国目前的总量控制规划主要采用目标总量控制，同时辅以部分的容量总量控制。具体地说，一方面在宏观层面，即全国范围实施目标总量控制，从国家一级下达到各省、自治区、直辖市，各省、自治区、直辖市再将指标分解后下达到辖区的地、市，最后各地、市根据省、自治区、直辖市下达的总量控制指标，按照污染物来源，核定分配污染源总量控制指标；另一方面，针对某些区域，如“三河”“三湖”“两区”和47个环境保护重点城市的空气、地面水环境功能区，实施容量总量控制。

随着环境管理的加强和水平的提高，我国的总量控制指标制定应该从目标总量控制向容量总量控制转变。

4. 总量控制的基本原则

一般来说，实施总量控制应遵循以下基本原则：

（1）服从总目标，略留余地的原则

服从全国下达的总目标，做好污染物测算工作，在总量指标分解时要略留余地。

（2）分级管理的原则

环境质量的改善是各级政府及所属有关部门的职责，总量控制工作必须依靠各级政府及其所属有关责任部门。因此，总量控制要按照地区和行业进行分解，做到各负其责，同时也作为考核各级政府和有关部门工作的指标。

（3）等权分配和区别对待的原则

根据城市经济社会发展规划和环境保护规划的规定，对城市不同的区域要考虑区域经济发展和污染状况，对总量分配采取区别对待的原则，各行业之间采取等权分配的原则。

（4）突出重点的原则

对于重点污染企业、行业和地区要按照相应的扩散模型计算允许排放总量，颁发排污许可证；对其他污染较小的企业可按照浓度达标的简易方法计算。

（5）总量控制要服从于区域环境质量的原则

凡是区域的环境质量指标超标严重的，不允许再上一般的生产项目；对于那些污染严重、能源资源浪费大、治理难度大、产业结构不合理的企业下决心进行调整。

（6）以排污申报为基础的原则

将总量分配到污染源的过程中，要利用排污申报登记的数据作为总量分配的基础数据。

5. 总量控制政策的效果分析

作为一项新出台的环境政策，总量控制还有着不同于以往环境政策的更深一层的含义，即旨在通过影响经济增长方式来控制污染。

（1）促进地区经济、社会协调发展

总量控制更适于纳入经济、社会发展的综合决策之中。城市的不同功能区域对于污染的限制不同，将促使污染的工业从城市迁出或转产，使得城市土地得到更合理的利用。总量控制将是企业选址及经营的重要依据之一。城市布局的合理化将为新产业的发展提供机遇。

（2）提高政府的环境管理水平

总量控制将使环保目标更加明确和更具有可操作性，不仅使上级政府的要求更加明确，也使地方政府对排污单位的要求更加明确。总量控制对排污申报、排污许可证制度都提出了较高的要求，对环境影响评价、环境规划、环境监测（包括环境质量监测和污染源监测）也提出了较高的要求，这无疑将促进这些方面技术的发展。实施总量控制也将促进管理人员素质的提高。

（3）提高污染防治的费用效果

总量控制为排污单位污染防治提供了较大的选择空间，使排污单位有较多的机会选择污染防治方案。从治理达标、部分治理到购买排污权，这使得降低治理成本的机会大大增加。一般来说，污染物边际削减费用较低的污染源会优先治理。

（4）促进企业技术进步

总量控制指标逐步变严，例如每年实现5%的削减量要求，或者是总量控制指标的有偿转让等，都会刺激企业推进技术进步、选用清洁生产工艺，以降低污染控制成本。

（5）为新企业的发展提供机遇

总量控制为企业的扩建和新企业的进入提供了机会。例如，企业通过污染治理或技术进步超额削减的排放量的补偿或交易等，都给企业扩建和新企业的进入提供了发展机会。

二、污染预防为基础的环境管理模式

（一）污染预防型的环境管理模式

1. 污染预防的定义

减少污染废物及防止污染的策略，称为污染预防。因此，可以将污染预防定义为：在人类活动各种过程中，如材料、产品的制造、使用过程以及服务过程中，采取消除或减少污染控制措施，它包括不用或少用有害物质，采用无污染或少污染制造技术与工艺等，以达到尽可能消除或减少各种（生产、使用）过程产生的废物，最大限度地节约和有效利用能源和资源，减少对环境的污染。

污染预防是在可能的最大限度内减少生产场地产生的全部废物量。它包括通过源削减，提高能源效率，在生产中重复使用投入的原料以及降低水消耗量来合理利用资源。污染预防型的环境管理模式是当今环境管理战略上的一次重大转变。

污染预防是指为了避免、减少或控制环境污染而对各种方法、手段和措施的采取。按照优先度可以将其分为三个层次的污染预防方式。

高优先度：避免污染的产生。进行源头控制，采取无污工艺，采用清洁的能源和原辅材料来组织生产活动，避免污染物质的产生。

中优先度：减少污染的产生。进行过程控制，组织可通过对产品的生命周期的全过程进行控制，实施清洁生产，采用先进工艺和设备提高能源和资源利用率，实现闭路循环等，尽可能减少每一环节污染物质的排放。

低优先度：控制污染对环境的不利影响。通过采用污染治理设施对产生的污染物质进行末端治理，尽量减少其对环境的不利影响。

组织在开展污染预防工作时应按上述优先级的原则来选择采用污染预防措施（因为一般而言，优先度越高，污染控制的费用越低，且效果越好，从而其控制污染的效率就越高）。采用一种方式方法往往不能达到污染预防的目的，组织应结合自身情况，综合采用源头控制、过程控制和末端治理来开展污染预防工作。

2. 污染防治环境管理的内容

(1) 源削减

源削减包括减少在回收利用、处理或处置以前进入废物流或环境中的有害物质、污染物的数量的活动，以及减少这些有害物质、污染物的排放对公众健康和环境危害的活动。明确指出污染排放后的回收利用、处理、处置不是源削减，使污染预防更显示其与过去的污染控制有截然的区别。

源头控制是针对末端控制而提出的一项控制方式，是指在“源头”削减或消除污染物，即尽量减少污染物的产生量，实施源削减。源削减是在进行再生利用、处理和处置以前，减少任何废物流入或释放到环境中（包括短期排放物）的任何有害物质、污染物的数量；减少与这些有害物质、污染物相关的对公众健康与环境的危害。其内容包括设备或技术改造，工艺或程序改革，产品的重新配制或重新设计，原料替代，以及改进内务管理、维修、培训或库存控制。源削减不会带来任何形式的废物管理（例如，再生利用和处理）。

(2) 废物减量化

废物减量化（也称为废物最少化），指将产生的或随后处理、贮存或处置的有害废物量减少到可行的最低限度。其结果使得减少了有害废物的总体积或数量，或者减少了有害废物的毒性，只要这种减少与将有害废物对人体健康和环境目前及将来的威胁减少到最低限度的目标相一致。废物减量化包括源削减、重复利用和再生回收，以及由产生者减少有害物的体积和毒性，如削减废物产生的活动及废物产生后进行回收利用与减少废物体积和毒性的处理、处置，但不包括用来回收能源的废物处置和焚烧处理。“减量化”不一定要鼓励削减废物的生产量和废物本身的毒性，而仅要求减少需要处置的废物的体积和毒性。

废物减量化与末端治理相比，有明显的优越性，如据化工、轻工、纺织等 15 个企业投资与削减量效益比较，废物减量化比末端治理，万元环境投资削减污染物负荷高 3 倍多。但由于废物的处理和回收利用，仍有可能造成对健康、安全和环境的危害，因而废物减量化往往是废物管理措施的改进，而不是消除它们。所以“废物减量化”仍然是一个与排放后的有害废物处理息息相关的术语，其实效性如同末端治理，仍有很大的局限性。

(3) 循环经济

循环经济理念的产生和发展，是人类对人与自然关系深刻认识和反思的结果，也是人类在社会经济高速发展中陷入资源危机、环境危机、生存危机深刻反省自身发展模式的产物。客观的物质世界，是处在周而复始的循环运动之中，物质循环是推行一种与自然和谐发展、与新型工业化道路要求相适应的一种新的生产方式和生态经济的基本功能。物质循环和能量流动是自然生态系统和经济社会系统的两大基本功能，处于不断的转换中。循环经济则要求遵循生态规律和经济规律，合理利用自然资源与优化环境，在物质不断循环利用的基础上发展经济，使生态经济原则体现在不同层次的循环经济形式上。

循环经济本质上是一种生态经济，就是把清洁生产和废弃物的综合利用融为一体的经济，它要求运用生态学规律来指导人类社会的经济活动。按照自然生态系统物质循环和能量流动规律重构经济系统，使得经济系统和谐地纳入类似于自然生态系统的物质循环过程中，建立起一种新的经济形态。

3. 污染预防环境管理模式

污染预防环境管理模式的主要内容包括组织层面的环境管理、产品层面的环境管理和活动层面的环境管理。在后面的几节中将对这三个典型的污染防治环境管理模式进行详细的阐述。

（二）组织层面的环境管理

从管理职能角度出发，“组织”一词具有双重意义：一是名词意义上的组织，主要指组织形态；二是动词意义上的组织，系指组织各项管理活动。本任务所讨论的组织层面，则包含了这两方面的内容。作为组织层面环境管理的一项重要内容，清洁生产在工业污染从传统的末端治理转向污染预防为主的生产全过程控制中扮演了极其重要的角色。

1. 环境绩效评价

环境绩效是指一个组织基于其环境方针、目标、指标，控制其环境因素所取得的可测量的环境管理体系成效。环境绩效评估是由独立的考核机构或考核人员，对被考核单位或项目的环境管理活动进行综合的、系统的审查、分析，并按照一定的标准评定环境管理活动的现状和潜力，对提高环境管理绩效提出建议，促进其改善环境管理、提高环境管理绩效的一种评估活动。

环境绩效评估的目标包括根本目标、具体目标和分项目标三个层次。改善环境管理，实现可持续发展是环境绩效评估的根本目标。具体目标可以概括为对环境管理各步骤的绩效情况进行考核评价，找出影响环境管理绩效的消极因素，提出建设性的考核意见，从而促使环境管理工作的高效进行。根据具体内容的不同，进一步地可以将具体目标分解为四类分项目标：评价环境法规政策的科学性和合理性，帮助法规政策制定部门制定更加科学合理的环境法规与制度；评价环境管理机构的设置和工作效率，揭示其影响工作效率的消极因素，提出改进建议；评价环境规划的科学性和合理性，有助于制订更加科学合理的环境规划；评价环境投资项目的经济性、效率性和效果性，为改善环境投资提出建设性意见。

环境绩效评估是一种用于内部管理的程序和工具，被设计用来提供管理阶层的一种可靠和可验明的资讯，以决定组织环境绩效是否符合组织管理阶层所设定的基准。正在施行环境管理的组织应就其环境政策、目标来设定环境绩效指标，再以其绩效基准来评估其环境绩效。环境绩效评估的内容主要包括规划环境行为评估、选择评估指标、数据收集及转换和报告沟通、审查和改进评估程序。

2. 循环经济

循环经济要求运用生态学规律而不是机械论规律来指导人类社会的经济活动。与传统经济相比，循环经济的不同之处在于：传统经济是一种由“资源—产品—污染排放”单向流动的线性经济，其特征是高开采、低利用、高排放。在这种经济中，人们高强度地把地球上的物质和能源提取出来，然后又把污染和废物大量地排放到水系、空气和土壤中，对资源的利用是粗放的和一次性的，通过把资源持续不断地变成废物来实现经济的数量型增长。与此不同，循环经济倡导的是一种与环境和谐的经济发展模式。它要求把经济活动组成一个“资源—产品—再生资源”的反馈式流程，其特征是低开采、高利用、低排放。所有的物质和能源要能在这个不断进行的经济循环中得到合理和持久的利用，以把经济活动对自然环境的影响降低到尽可能小的程度。

循环经济是一种以资源高效利用和循环利用为核心，以“三 R”为原则（减量化 Reduce，再使用 Reuse、再循环 Recycle），以低消耗、低排放、高效率为基本特征，以生态产业链为发展载体，以清洁生产为重要手段，达到实现物质资源的有效利用和经济与生态的可持续发展。循环经济与生态经济既有紧密联系，又各有特点。从本质上讲循环经济就是生态经济，就是运用生态经济规律来指导经济活动，也可称是一种绿色经济，“点绿成金”的经济。它要求把经济活动组成为“资源利用—绿色工业（产品）—资源再生”的闭环式物质流动，所有的物质和能源在经济循环中得到合理的利用。循环经济所指的“资源”不仅是自然资源，而且包括再生资源；所指的“能源”不仅是一般能源，如煤、石油、天然气等，而且包括太阳能、风能、潮汐能、地热能等绿色能源。注重推进资源、能源节约，资源综合利用和推行清洁生产，以便把经济活动对自然环境的影响降低到尽可能小的程度。

循环经济在发展理念上就是要改变重开发、轻节约，片面追求 GDP 增长，重速度、轻效益，重外延扩张、轻内涵提高的传统的经济发展模式。把传统的依赖资源消耗的线形增长的经济，转变为依靠生态型资源循环来发展的经济。既是一种新的经济增长方式，也是一种新的污染治理模式，同时又是经济发展、资源节约与环境保护的一体化战略。循环经济与生态经济推行的主要理念如下：

（1）新的系统观

循环经济与生态经济都是由人、自然资源和科学技术等要素构成的大系统。要求人类在考虑生产和消费时不能把自身置于这个大系统之外，而是将自身作为这个大系统的一部分来研究符合客观规律的经济原则。要从自然-经济大系统出发，对物质转化的全过程采取战略性、综合性、预防性措施，降低经济活动对资源环境的过度使用及对人类所造成的负面影响，使人类经济社会的循环与自然循环更好地融合起来，实现区域物质流、能量流、资金流的系统优化配置。

（2）新的经济观

用生态学和生态经济学规律来指导生产活动。经济活动要在生态可承受范围内进行，超过资源承载能力的循环是恶性循环，会造成生态系统退化。只有在资源承载能力之内的良性循环，才能使生态系统平衡地发展。循环经济是用先进生产技术、替代技术、减量技术和共生链接技术以及废旧资源利用技术、“零排放”技术等支撑的经济，不是传统的低水平物质循环利用方式下的经济。要求在建立循环经济的支撑技术体系上下功夫。

（3）新的价值观

在考虑自然资源时，不仅视为可利用的资源，而且是需要维持良性循环的生态系统；在考虑科学技术时，不仅考虑其对自然的开发能力，而且要充分考虑到它对生态系统的维系和修复能力，使之成为有利于环境的技术；在考虑人自身发展时，不仅考虑人对自然的改造能力，而且更重视人与自然和谐相处的能力，促进人的全面发展。

（4）新的生产观

要从循环意义上发展经济，用清洁生产、环保要求从事生产。它的生产观念是要充分考虑自然生态系统的承载能力，尽可能地节约自然资源，不断提高自然资源的利用效率；并且是从生产的源头和全过程充分利用资源，使每个企业在生产过程中少投入、少排放、高利用，达到废物最小化、资源化、无害化。上游企业的废物成为下游企业的原料，实现区域或企业群的资源最有效利用；并且用生态链条把工业与农业、生产与消费、城区与郊区、行业与行业有机结合起来，实现可持续生产和消费，逐步建成循环型社会。

（5）新的消费观

提倡绿色消费，也就是物质的适度消费、层次消费，是一种与自然生态相平衡的、节约型的低消耗物质资料、产品、劳务和注重保健、环保的消费模式。在日常生活中，鼓励多次性、耐用性消费，减少一次性消费。而且是一种对环境不构成破坏或威胁的持续消费方式和消费习惯。在消费的同时还考虑到废弃物的资源化，建立循环生产和消费的观念。

3. 清洁生产

清洁生产是要从根本上解决工业污染的问题，即在污染前采取防止对策，而不是在污染后采取措施治理，将污染物消除在生产过程之中，实行工业生产全过程控制。

一些国家在提出转变传统的生产发展模式和污染控制战略时，曾采用了不同的提法，如废物最少量化、无废少废工艺、清洁工艺、污染预防等。但是这些概念不能包容上述多重含义，尤其不能确切表达当代融环境污染防治于生产可持续发展的新战略。为此，联合国环境规划署与环境规划中心（UNEPIE/PAC）综合各种说法，采用了“清洁生产”这一术语，来表征从原料、生产工艺到产品使用全过程的广义的污染防治途径，给出了以下定义：清洁生产是指将综合预防的环境保护策略持续应用于生产过程和产品中，以期减少对人类和环境的风险。

（三）产品层面的环境管理

产品是环境管理的基本要素，而产品层面的环境管理主要是从管理的协调职能出发，重点研究单个产品及其在生命周期不同阶段的环境影响，并通过面向环境的产品设计，来协调发展与环境的矛盾。

为了避免各个国家、地区、经济组织、集团公司制定实施各自的环境管理标准和环境标志制度而产生新的贸易壁垒，有必要制定一个全球统一的包括环境标志、生命周期在内的环境管理体系，此体系的最终目标是：从环境管理和经济发展的结合上来规范企业、事业和社会团体等所有组织的环境行为，科学合理配置和节约资源，最大限度减少人类活动对环境的污染，保护自然资源和人类生存环境，保证经济的可持续发展。

（四）活动层面的环境管理

活动层面的环境管理主要体现管理的控制职能，着眼于阐明各类环境管理的内容、程序和要求，而可持续发展的战略和其所倡导的全过程控制思想则贯穿于各类环境管理之中。我国的可持续环境战略包括三方面：一是污染防治与生态保护并重；二是以防为主，实施全过程控制；三是以流域环境综合治理带动区域环境保护。尤其是第二点，对环境污染和生态破坏实施全过程控制，就是从“源头”上控制环境问题的产生，是体现环境战略思想和污染预防环境管理模式的一个重要环境战略。以防为主实施全过程控制包括三方面的内容：

1. 经济决策的全过程控制

经济决策是可持续发展决策的重要组成部分，它涉及环境与发展的各个方面，已不是传统意义上的纯经济领域的决策问题。对经济决策进行全过程控制是实施环境污染与生态破坏全过程控制的先决条件，它要求建立环境与发展综合决策机制，对区域经济政策进行环境影响评价，在宏观经济决策层次将未来可能的环境污染与生态破坏问题控制在最低的限度。

2. 物质流通领域的全过程控制

物质流通是在生产和消费两个领域中完成的，污染物也是在这两个领域中产生的。对污染物的全过程控制包括生产领域和消费领域的全过程控制。生产领域全过程控制是从资源的开发与管理开始，到产品的开发、生产方向的确定、生产方式的选择、企业生产管理对策的选择等。消费领域的全过程控制包括消费方式选择、消费结构调整、消费市场管理、消费过程的环境保护对策选择以及消费后产品回收和处置等。现在世界上很多国家，包括中国在内都先后建立了环境标志产品制度，实行产品的市场环境准入。然而，产品进入市场后，还要运用经济法规手段，加强环境管理，如推行垃圾袋装化、部分固体废物的押金制、消费型的污染付费制度等。

3. 企业生产的全过程控制

企业是环境污染与破坏的制造者，实施企业生产的全过程控制是有效防治工业污染的关键。清洁生产是国家环境政策、产业政策、资源政策、经济政策和环境科技等在污染防治方面的综合体现，是实施污染物总量控制的根本性措施，是贯彻“三同步、三统一”大政方针，转变企业投资方向，解决工业环境问题，推进经济持续增长的根本途径和最终出路。

三、城市环境管理版

（一）我国的城市环境状况

我国城市环境污染一直比较严重。近年来，在各级政府和其他社会力量的共同努力下，城市环境保护工作取得了一定的成效：城市环境恶化的趋势在总体上得到了控制，城市基础设施建设不断加强，部分城市的环境质量得到了显著的改善。但是，我国城市环境的总体情况不容乐观，城市水污染和大气污染一直处于较高的水平，垃圾处理水平低，噪声污染较重，城市环境保护工作仍然面临着巨大的压力和挑战。

1. 城市水环境状况

我国城市污水排放一直保持着较高的水平，严重污染城市水体。由于受经济结构调整、产业技术进步和污染控制措施得力等综合因素的影响，我国工业废水排放总体上呈下降的趋势。与工业废水排放情况不同，近年来随着城市化进程的加快和城市生活水平的提高，生活污水排放量也不断增加，成为城市水环境的主要污染源。

我国城市水环境保护面临的另一主要问题是：城市污水处理的总体水平低，造成大量城市生活和工业污水未经安全处理就直接排放，造成水体严重污染。

流经城市的河段近90%受到污染，城市内湖水质较差。城市水体主要污染因子为化学需氧量、总磷和总氮。

2. 城市大气环境状况

近年来，我国城市空气质量有逐步改善的趋势，但城市的大气污染仍一直保持较高的水平。城市大气污染以煤烟型为主，但随着城市规模的不断扩张和机动车数量的迅速增加，机动车尾气引起的城市空气污染问题日益严重，特别是北京、上海、广州等超大城市，机动车尾气已经成为城市大气污染的首要原因之一。

我国城市大气环境问题依然十分严峻。主要污染物为可吸入颗粒物。

颗粒物是影响城市空气质量的主要污染物。颗粒物污染较重的城市主要分布在山西、新疆、甘肃、陕西、宁夏、四川、内蒙古、河北、湖南、辽宁、河南等省、自治区。二氧化硫污染较重的城市主要分布在山西、内蒙古、云南、新疆、贵州、甘肃、河北、湖北、广西、湖南、四川、辽宁、河南等省、自治区。广州（广东）、乌鲁木齐（新疆）、深圳（广东）、兰州（甘肃）等大城市二氧化氮浓度相对较高。

城市大气污染主要表现为总悬浮颗粒物、二氧化硫和氮氧化物污染三方面：总悬浮颗粒物是城市主要污染物，全国60%以上的城市总悬浮颗粒物浓度超过国家空气质量二级标准，北方城市颗粒物污染问题尤为突出；其次是二氧化硫污染问题，西南和华东、华中一些城市的二氧化硫和酸雨污染问题比较严重；人口数量超过100万的大城市普遍存在氮氧化物污染问题。

3. 城市生活垃圾污染状况

城市生活垃圾是城市环境问题的又一重要方面，有关城市生活垃圾污染和处理问题正在引起越来越广泛的关注。我国城市垃圾收集和处理的主要特点是：收集方面以混合收集为主，绝大多数未实施垃圾分类和分选；处理上以填埋为主（占整个处理量的80%），其次是高温堆肥（占整个处理量的19%），只有约1%的生活垃圾是经焚烧处理的。但是，据有关专家分析，我国真正符合国际卫生标准的垃圾处理量只占整个垃圾产生量的10%左右，垃圾处理中的二次污染问题比较普遍。我国城市垃圾处理中存在的主要问题包括：

①垃圾处理设施严重不足；

②垃圾处理设施技术水平落后；

③垃圾处理和堆放过程中占用土地和二次污染问题比较突出；

④垃圾分类和分选率低，对垃圾的有效处理不利。

因此，城市生活垃圾处理设施的建设和处理技术水平的提高，将是我国今后城市基础设施建设的重点之一。

4. 城市噪声污染状况

城市噪声污染是城市环境污染的一个重要方面。目前，我国城市声环境质量总体良好。

（二）城市环境管理对策和措施

1. 环境保护目标责任制是城市环境保护实施综合决策的基础

环境保护目标责任制是我国环境保护的八项制度之一，对污染防治和城市环境改善起着十分重要的作用，是城市环境保护实施综合决策的基础。我国《环境保护法》明确规定："地方各级人民政府，应当对本辖区的环境质量负责，采取措施改善环境质量。"这一规定的具体实施方式是以签订责任书的形式，规定省长、市长、县长在任期内的环境目标和任务，并作为对其进行政绩考核的内容之一，由此引起地方和城市主管领导对环境问题的重视。实施该制度是实现地区和城市环境质量改善的关键。

2. 城市环境综合整治

城市环境综合整治的主要内容涉及城市工业污染防治、城市基础设施建设和城市环境管理三方面，具体内容包括制订环境综合整治计划并将其纳入城市建设总体规划，合理调整产业结构和生产布局，加快城市基础设施建设，改变和调整城市的能源结构，发展集中供热，保护并节约水资源，加快发展城市污水处理，大力开展城市绿化，改革城市环境管理体制，加大城市环境保护投入，等等。具体包括以下措施：

（1）调整城市产业结构和生产布局，改善城市环境

①限制工业，特别是污染较重的产业在城区内发展。

②在城区内实施"退二进三"战略，将污染较重的工业企业整体或部分实施搬迁。

③对迁出地区进行再开发，扶持第三产业的发展，促进城市经济的整体发展；同时，迁出地的土地销售收入，也可以为新厂建设和运行更加有效的污染治理设施提供资金支持。

（2）加强城市基础设施建设，提高环保设施水平

①抓好大气污染治理工作：在城市市区内推行管道供气、罐装煤气，改造民用炉灶，提高城市气化率，整顿煤炭市场，控制劣质煤流入市内，逐步调整城市能源结构。

第一，大力发展集中供热、联片采暖，对供热网范围内的分散锅炉限期拆除。

第二，对重点污染企业限期治理，确保达标排污。

第三，加快汽车尾气的治理工作，控制机动车排气污染。

第四，加强对建筑施工工地的扬尘管理。

第五，植树绿化，实现门前绿化和道路硬化。

②城市垃圾的无害化处理：生活垃圾无害化处理率不到20%，现有的处置设施二次污染问题严重，危险废物的处置任务十分繁重。因此城市垃圾的无害化处理，是城市环境保护工作的重要方面。为尽快解决城市生活垃圾污染环境的问题，城市政府应根据本地的实际情况，综合考虑经济承受能力、土地资源、垃圾质量等因素后，选用适宜的垃圾处理技术，如垃圾填埋、堆肥、焚烧等垃圾处理形式，提高城市生活垃圾处理设施的建设和处理技术水平。

3. 推行和完善城市环境综合整治定量考核制度

城市环境综合整治定量考核制度是以量化的环境质量、污染防治和城市建设的指标体系综合评价一定时期内城市政府在城市环境综合整治方面工作的进展情况，激励城市政府开展城市环境综合整治的积极性，促进城市环境管理制度的改善。城市环境综合整治定量考核的对象是城市政府和市长，考核范围是城市区域，内容涉及城市环境质量、城市污染防治、城市基础设施建设和城市环境管理四方面。

4. 创建环境保护模范城市

20世纪初，在城市环境综合整治及定量考核制度的基础上，原国家环保局在全国开展了创建环境保护模范城市的活动。该活动以实现城市环境质量达到城市各功能区环境标准为目标，目的是引导城市政府在城市经济高速发展的同时，走可持续发展道路，不断改善城市环境，建设生态型城市。为此，原国家环保局制定了环境保护模范城市评价指标，涉及城市社会经济、城市基础设施建设、城市环境质量及城市环境管理等内容。

5. 提高生态环境部的管理水平

城市环保部门承担着城市环境管理执法监督的重要职责，同时，环境管理是专业性、技术性很强的工作，要求工作人员的素质较高。为了适应目前城市化进程不断加快和城市环境管理现代化、科学化、规范化的需要，提高生态环境部城市环境管理能力，亟须通过定期检查、专项调查、集中培训等形式，提高城市环境管理人员的素质。

四、农村环境管理

（一）我国农村的环境状况

我国农村的环境问题主要表现在以下三方面：

1. 现代化农业生产手段的过度使用带来的污染——影响最大的污染

我国人多地少，土地资源的开发已接近极限，化肥、农药的使用成为提高单位土地产出水平的重要途径，加之化肥、农药使用量相对较大的果蔬生产发展迅猛，使得我国已成为世界上使用化肥、农药数量最大的国家。加之施肥结构不合理，导致化肥利用率低、流失率高。不仅造成了土壤污染，还通过农田径流加重了水体有机污染和富营养化污染，甚至影响到地下水和空气。目前，东部已有许多地区的面源污染占污染负荷的比例超过了工业污染。化肥和农药已经使我国东部地区的水环境污染从常规的点源污染型转向面源与点源结合的复合污染型，还直接破坏农业伴随型生态系统，对诸多野生动物的生存形成巨大的威胁。

还有一些是现代化导致的衍生污染。例如，由于化肥的普及以及燃料结构的调整，秸秆由宝变废，农民对其通常一烧了之。由此产生的空气污染不仅影响农村环境，也对城市环境造成了很大危害，甚至影响到飞机起降。

总之，由于现代化农业生产方式导致的污染影响面大，且易于通过水、大气、食品等媒介影响到城市人口，因此可视为影响最大的农村环境污染。

2. *村镇等农村聚居点因缺乏规划和环境管理滞后造成的污染——最敏感、最直观的污染*

随着现代化进程的加快，农村聚居点规模迅速扩大。但在“新镇、新村、新房”建设中，规划和配套基础设施建设未能跟上：环境规划缺位或规划之间不协调——只重视编制城镇总体建设规划，忽视了与土地、环境、产业发展等规划的有机联系；农村聚居点则缺少规划，使城镇和农村聚居点或者沿公路带状发展，或者与工业区混杂。小城镇和农村聚居点的生活污染物则因为基础设施和管制的缺失一般直接排入周边环境中，造成严重的“脏乱差”现象。

尤其值得注意的是，在我国农村现代化进程较快的地区，这种基础设施建设和环境管理落后于经济和城镇化发展水平的现象并没有随着经济水平的提高而改善，其对人群健康的威胁在与日俱增。

由于农村聚居点是农民的主要生活场所，就民意而言，这类污染是最敏感、最直观的，因此应被列为农村环境管理和治理的首位污染。

3. *乡镇企业和集约化养殖场布局不当、污染治理不够导致的污染——对人群健康危害最直接的污染*

农村工业化是中国改革开放 40 多年间经济增长的主要推动力，在县域经济发达的浙江、江苏等东部发达地区表现得尤为明显。这种工业化实际上是一种以低技术含量的粗放经营为特征、以牺牲环境为代价的反积聚效应的工业化，村村点火、户户冒烟，不仅造成污染治理困难，还导致污染危害直接。

与乡镇企业污染类似的，是近些年来集约化畜禽养殖带来的污染问题。在人口密集地区尤其是发达地区，居民消费能力强，农牧业的发展空间受到限制，集约化的畜禽养殖场迅速发展起来。对环境影响较大的大中型集约化畜禽养殖场，约80%分布在人口比较集中、水系较发达的东部沿海地区和诸多大城市周围。由于这些地区可资利用的环境容量小（没有足够的耕地消纳畜禽粪便，生产地点离人的聚居点近或者处于同一个水资源循环体系中），加之其规模没有得到有效控制，布局上没有注意避开人口聚居区和生态功能区，造成畜禽粪便还田的比例低，环境危害直接。同时需要强调的是，集约化养殖场的污染危害并不低于工业企业，不仅会带来地表水的有机污染和富营养化并危及地下水源，还有恶臭。畜禽粪便中所含病原体，对人群健康的威胁也更直接——人畜共患疾病的载体主要是家禽粪尿。

（二）农村环境保护的目标和内容

1. 农村环境保护的目标

我国在农村环境保护方面将采取以下举措：

①启动农村环境保护行动计划。用5～10年的时间，使农村现在的水源地、垃圾污染、土壤污染等一些重要环境问题有比较大的改善。

②在原有工作的基础上，继续加大生态示范区的建设力度，大力开展生态省、生态市、生态县和环境优美乡镇的创建工作，使当前农村环境条件和社会基础条件比较好的地区实现可持续发展。

③结合中国当前“菜篮子”基地的建设，加大对“菜篮子”基地建设的环境管理，在食品安全方面做好环境方面的有关工作。

④加强有关法律法规的建设，尤其针对当前规模化养殖和生态破坏的情况，加强立法工作。

2. 农村环境保护的内容

（1）切实保护好农村饮用水源地

把保障饮用水安全作为农村环境保护工作的首要任务，依法科学划定农村饮用水水源保护区，加强饮用水水源保护区的监测和监管，坚决依法取缔水源保护区内的排污口，禁止有毒有害物质进入饮用水水源保护区，严防养殖业污染水源，严禁直接或者间接向江河湖海排放超标的工业污水。制订饮用水水源保护区应急预案，强化水污染事故的预防和应急处理，确保群众饮水安全。

（2）加大农村生活污染治理力度

因地制宜处理农村生活污水。按照农村环境保护规划的要求，采取分散与集中处理相结合的方式，处理农村生活污水。居住比较分散、不具备条件的地区可采取分散处理方式处理生活污水；人口比较集中、有条件的地区要推进生活污水集中处理。新村庄建设规划要有环境保护的内容，配套建设生活污水和垃圾污染防治设施。

逐步推广“组保洁、村收集、镇转运、县处置”的城乡统筹的垃圾处理模式，提高农村生活垃圾收集率、清运率和处理率。边远地区、海岛地区可采取资源化的就地处理方式。

优化农村生活用能结构，积极推广沼气、太阳能、风能、生物质能等清洁能源，控制散煤和劣质煤的使用，减少大气污染物的排放。

（3）严格控制农村地区工业污染

采取有效措施，提高环保准入门槛，禁止工业和城市污染向农村转移。严格执行国家产业政策和环保标准，淘汰污染严重的落后的生产能力、工艺、设备。强化限期治理制度，对不能稳定达标或超总量的排污单位实行限期治理，治理期间应予限产、限排，并不得建设增加污染物排放总量的项目；逾期未完成治理任务的，责令其停产整治。严格执行环境影响评价和“三同时”制度，建设项目未履行环评审批程序即擅自开工建设的，责令其停止建设，补办环评手续，并予以处罚。对未经验收，擅自投产的，责令其停止生产，并予以处罚。加大对各类工业开发区的环境监管力度，对达不到环境质量要求的，要限期整改。加快推动农村工业企业向园区集中，鼓励企业开展清洁生产，大力发展循环经济。

（4）加强畜禽水产养殖污染防治

科学划定禁养、限养区域，改变人畜混居现象，改善农民生活环境。各地要结合实际，确定时限，限期关闭、搬迁禁养区内的畜禽养殖场。新建、改建、扩建规模化畜禽养殖场必须严格执行环境影响评价和“三同时”制度，确保污染物达标排放。对现有不能达标排放的规模化畜禽养殖场实行限期治理，逾期未完成治理任务的，责令其停产整治。鼓励生态养殖场和养殖小区建设，通过发展沼气、生产有机肥等综合利用方式，实现养殖废弃物的减量化、资源化、无害化。依据土地消纳能力，进行畜禽粪便还田。根据水质要求和水体承载能力，确定水产养殖的种类、数量，合理控制水库、湖泊网箱养殖规模，坚决禁止化肥养鱼。

（5）控制农业面源污染

采取综合措施控制农业面源污染，指导农民科学施用化肥、农药，积极推广测土配方施肥，推行秸秆还田，鼓励使用农家肥和新型有机肥。鼓励使用生物农药或高效、低毒、低残留农药，推广作物病虫草害综合防治和生物防治。鼓励农膜回收再利用。加强秸秆综合利用，发展生物质能源，推行秸秆气化工程、沼气工程、秸秆发电工程等，禁止在禁烧区内露天焚烧秸秆。

（6）积极防治农村土壤污染

做好全国土壤污染状况调查工作，摸清情况，把握机理，逐步完善土壤环境质量标准体系，建立土壤环境质量监测和评价制度，开展污染土壤综合治理试点。加强对污灌区域、工业用地及工业园区周边地区土壤污染的监管，严格控制主要粮食产地和蔬菜基地的污水灌溉，确保农产品质量安全。积极发展生态农业、有机农业，严格对无公害、绿色、有机农产品生产基地的环境监管。

（7）加强农村自然生态保护

坚持生态保护与治理并重，重点控制不合理的资源开发活动。优先保护天然植被，坚持因地制宜，重视自然恢复。严格控制土地退化和草原沙化。保护和整治村庄现有水体，努力恢复河沟池塘生态功能，提高水体自净能力。加强对矿产资源、水资源、旅游资源和交通基础设施等开发建设项目和活动的环境监管，努力遏制新的人为破坏。做好转基因生物安全、外来有害入侵物种和病原微生物的环境安全管理，严格控制外来物种在农村的引进与推广，保护农村生物多样性。加强红树林、珊瑚礁、海草等海洋生态系统的保护和恢复，改善海洋生态环境。

（8）加强农村环境监测和监管

建立和完善农村环境监测体系，研究制定农村环境监测与统计方法、农村环境质量评价标准和方法，开展农村环境状况评价工作，定期公布全国和区域农村环境状况。加强农村饮用水水源保护区、自然保护区、重要生态功能保护区、规模化畜禽养殖场和重要农产品产地的环境监测。有条件的地区应开展农村人口集中区的环境质量监测。

（三）加强农村环境保护的措施

1. 加强农村环境保护立法

依法制定和完善农村环境保护法规、标准和技术规范，抓紧研究起草土壤污染防治法、畜禽养殖污染防治条例和农村环境保护条例。制定农村环境监测、评价的标准和方法。各地要结合实际，抓紧制定和实施一批地方性农村环境保护法规、规章和标准。

2. 建立农村环境保护责任制

实行县乡（镇）环境质量行政首长负责制，实行年度和任期目标管理。各省（自治区、直辖市）可根据实际情况制定农村环境质量评价指标体系和考核办法，开展县乡

（镇）环境质量考核，定期公布考核结果。对在农村环境保护中做出突出贡献的单位和个人，予以表彰和奖励。

3. **加大农村环境保护投入**

逐步建立政府、企业、社会多元化投入机制。环境保护专项资金应安排一定比例用于农村环境保护。各级政府用于农村环境保护的财政预算和投资应逐年增加，重点支持饮用水源地保护、农村生活污水和垃圾治理、畜禽养殖污染治理、土壤污染治理、有机食品基地建设等工程。积极协调发展改革和财政部门，编制和实施农村环境保护规划，以规划带动项目，以项目争取资金，将农村环境保护落到实处。鼓励社会资金参与农村环境保护。逐步实行城镇生活污水和垃圾处理收费政策。积极探索建立农村生态补偿机制，按照“谁开发谁保护、谁破坏谁恢复、谁受益谁补偿”的原则，研究农村区域间的生态补偿方式。

4. **增强科技支撑作用**

以科技创新推动农村环境保护，尽快建立以农村生活污水、垃圾处理以及农业废弃物综合利用技术为主体的农村环保科技支撑体系。大力研究、开发和推广农村环保适用技术。积极开展农村环保科普工作，提高群众保护农村环境的自觉性。建立农村环保适用技术发布制度，积极开展咨询、培训、示范与推广工作，促进农村环保适用技术的应用。

5. **深化试点示范工作**

积极开展饮用水源地保护、农村生活污水和垃圾治理、畜禽养殖污染治理、土壤污染治理、有机食品基地建设等示范工程，解决农村突出的环境问题。以生态示范创建为载体，积极推进农村环境保护。扎实推进和深化环境优美乡镇、生态村创建工作，创新工作机制，实施分类指导，分级管理；严格标准，完善考核办法；实行动态管理，建立激励和奖惩机制，表彰先进，督促后进。

6. **加强组织领导和队伍建设**

地方各级生态环境部要把农村环境保护工作纳入重要议事日程，研究部署农村环保工作，组织编制和实施农村小康环保行动计划，制订工作方案，检查落实情况，及时解决问题，做到组织落实、任务落实、人员落实、经费落实。省级、市级、县级生态环境部要加强农村环境保护力量，鼓励和支持有条件的县级环保部门在辖区乡（镇）设立派出机构，加强农村环境监督管理。乡（镇）人民政府应明确环保工作人员，把环保工作落到实处。建立村规民约，组织村民参与农村环境保护。

7. **加大宣传教育力度**

充分利用广播、电视、报刊、网络等媒体，广泛宣传和普及农村环境保护知识，及时报道先进典型和成功经验，揭露和批评违法行为，提高农民群众的环境意识，调动农民群众参与农村环境保护的积极性和主动性。维护农民群众的环境权益，尊重农民群众的环境知情权、参与权和监督权，农村环境质量评价结果应定期向农民群众公布，对涉及农民群众环境权益的发展规划和建设项目，应当听取当地农民群众的意见。

第七章 自然资源环境管理

第一节 水资源的保护与管理

一、水资源的概念与特点

（一）水资源的概念

水资源专指自然形成的淡水资源，其基本概念从它的水量、水质及水能三个应用价值方面来表现。

需要注意的是，自然界中的淡水水体，并不一定都能被称为水资源，因为它们并不一定都能具有经济学上的“资源”的作用。因此水资源仅指在一定时期内，能被人类直接或间接开发利用的那一部分水体。这种水资源主要指河流、湖泊、地下水和土壤水等淡水，个别地方还包括微咸水。这几种淡水资源合起来只占全球总水量的 0.32%左右，所占比例虽小，但其重要性却极大。

（二）水资源的特点

1. 循环再生性与总量有限性

水资源属可再生资源，在循环过程中可以不断恢复和更新。但由于其在循环过程中，要受到太阳辐射、下垫面、人类活动等条件的制约，因此每年更新的水量又是有限的。这里还须注意的是，虽然水资源具有可循环再生的特性，但这是从全球范围水资源的总体而言的。至于对一个具体的水体，如一个湖泊、一条河流，它完全可能干涸而不能再生。因此在开发利用水资源过程中，一定要注意不能破坏自然环境的水资源再生能力。

2. 时空分布的不均匀性

由于水资源的主要补给来源是大气降水、地表径流和地下径流，它们都具有随机性和周期性（其年内与年际变化都很大），它们在地区分布上又很不均衡，因此在开发利用水资源时必须十分重视这一特点。

3. 功能的广泛性和不可替代性

水资源既是生活资料又是生产资料，在国计民生中发挥了广泛而又重要的作用，如保证人畜饮用、农业灌溉、工业生产使用、养鱼、航运、水力发电等。水资源这些作用和综合效益是其他任何自然资源无法替代的。不认识到这一点，就不能真正认识水资源的重要性。

4. 利弊两重性

由于降水和径流的地区分布不平衡和时程分配不均匀，往往会出现洪涝、旱碱等自然灾害。如果开发利用不当，也会引起人为灾害，例如垮坝、水土流失、次生盐渍化、水质污染、地下水枯竭、地面沉降、诱发地震等。这说明水资源具有明显的利弊两重性。因此，开发利用水资源时必须重视这一特点。

（三）世界水资源的分布及特点

水资源量是指全球水量中可为人类生存、发展所利用的水量，主要是指逐年可以得到更新的那部分淡水量。最能反映水资源数量和特征的是年降水量和河流的年径流量。年径流量不仅包括降水时产生的地表水，而且还包括地下水的补给。所以，世界各国通常采用多年平均径流量来表示水资源量。

水资源在不同地区、不同年份和不同季节的分配是极不均衡的。世界上有60%的地区处于淡水不足的困境，约占世界人口总数40%的80个国家和地区国家严重缺水。有的国家大量排放污水造成的水资源污染，不仅加剧了本国水资源不足的矛盾，而且使世界生态环境受到破坏，直接威胁着人类自身的健康和生存条件。

（四）我国水资源的分布及特点

1. 总量多，人均占有量少

我国水资源总量为2.8万亿立方米。其中地表水2.7万亿立方米，地下水0.83万亿立方米，地表水与地下水相互转换、互为补给。中国河流湖泊众多，这些河流、湖泊不仅是中国地理环境的重要组成部分，而且还蕴藏着丰富的自然资源。中国的河湖地区分布不均，内外流区域兼备。中国湖泊众多，共有湖泊24 800多个，其中面积在1平方公里以上的天然湖泊就有2800多个。湖泊数量虽然很多，但在地区分布上很不均匀。

2. 地区分配不均，水土资源组配不平衡

总体上说来，我国陆地水资源的地区分布是东南多、西北少，由东南向西北逐渐递减。

在淮河、秦岭以南广大地区及云南、贵州、四川大部、西藏东南部为多水地区，年降水量大于 800 mm，最高为台湾东北部山地，达 6000 mm。在北方，吉林、辽宁两省的长白山区，年降水量也大于 800 mm，是北方仅有的多水地区。

在东北西部、内蒙古、宁夏、青海、新疆、甘肃及西藏大部分地区是少水地区，一般年降水量少于 400 mm。新疆的塔里木盆地、吐鲁番盆地和青海的柴达木盆地中部，年降水量不足 25 mm，是中国降水量最少的地区。

淮北、华北、东北和山西、陕西大部，甘肃和青海东南部，新疆北部和西部山区，四川西北和西藏东部，年降水量在 400～800 mm 之间，属多水地区与少水地区的过渡区。

另外，我国的水土资源的组配是很不平衡的，平均每公顷耕地的径流量为 2.8×10^4 m^3。长江流域为全国平均值的 1.4 倍；珠江流域为全国平均值的 2.42 倍；淮河、黄河流域只有全国平均值的 20%；辽河流域为全国平均值的 29.8%；海河、滦河流域为全国平均值的 13.4%。长江流域及其以南地区，水资源总量占全国的 81%，而耕地只占全国的 36%。黄河、淮河、海河流域，水资源总量仅为全国的 7.5%，而耕地却占全国的 36.5%。

3. 年内分配不均，年际变化很大

我国的降水受季风气候的影响，故径流量的年内分配不均。长江以南地区 3—6 月（或 4—7 月）的降水量约占全年降水量的 60%；而长江以北地区 6—9 月的降水量，常占全年降水量的 80%，秋冬春则缺雪少雨。另外，在北方干旱、半干旱地区，一年的降水量往往集中在一两次历时很短的暴雨中。降水的过分集中，造成雨期大量弃水，非雨期水量缺乏。降水集中程度越高，旱涝灾害越重，可用水资源占水资源总量的比重也越少。

4. 部分河流含沙量大

我国平均每年被河流带走的泥沙约 35×10^8 t，年平均输沙量大于 1000×10^4 t 的河流有 115 条。其中黄河年径流量为 543 ×108 m^3，平均含沙量为 37.6 kg/m^3，多年平均年输沙量为 16×10^8t，居世界诸大河之冠。由于泥沙能吸附其他污染物，故水的含沙量大，将会在造成河道淤塞、河床坡降变缓、水库淤积等一系列问题的同时，加重水的污染，进而增大了开发利用这部分水资源的难度。

二、水资源环境管理的原则和方法

（一）水资源环境管理的原则

1. 保护水源。包括严禁在水源地和水源补给区砍伐森林，硬化路面，排放有毒、有害废水和生活污水等。

2. 加强宏观调控，制定经济激励政策，合理分配用水；在用水内容上要注意在生活用水、工业用水、农业用水、生态用水等方面的分配；在地域上要注意上、下游的分配；在时间上要注意丰、枯期之间的分配。

3. 鼓励节约用水，提高水量的利用率。

4. 综合整治受污染的水体。

5. 不断完善水资源保护利用的法律法规，严格执法。

（二）水资源环境管理的方法

1. 完善管理体制和管理组织机构，加强水资源的统一管理

水资源管理应把一定范围内的水（包括用水、污水、地面水、地下水、雨水以及农田排水等）以及水体周边的陆地作为一个整体来考虑，以加强对水资源的统一管理。

我国至今尚未在不同层次上建立各级统一的水资源管理机构，因而对水资源缺乏统筹规划，存在着“多龙治水”的现象，割断了水生产过程的内在经济运行的统一性和连贯性。这种分散的管理体制一定程度地影响了水资源的综合开发利用和水环境质量保护工作。因此，应按水循环的自然规律和水资源具有多种功能的特点建立水资源统一管理机构。一般做法如下：

（1）建立国家级统一管理机构

其主要职能是组织和协调有关部门进行水资源现状的调查分析；预测水利事业的发展及其影响；制订和实施水资源分配计划、水资源远景发展规划以及综合防治水污染的政策和措施；监督和检查地方水资源管理机构的活动；组织开展有关科学研究工作以及提供情报资料；等等。

（2）建立地方性水资源管理机构

按水系、流域或地理区域而不是按行政区域划分水资源管理区。该区的水资源管理机构的职能是根据本国颁布的有关法规，对管辖范围内水资源的开发利用、水质和水量进行监督和保护。具体职责是：制订和实施水资源的发展规划；监督水的利用和保护；定期对地下水、地面水的状况进行分析；制订各种用水系统设计方案；审核水利和水库的建设许可证；检查用水计划的合理性；控制污水排放以及向司法机关对破坏水资源肇事者提起诉讼；等等。

2. 树立水环境资源有偿使用的观点，并将其引入水资源开发利用与管理规划

任何单位、团体和个人都无权无偿开发利用属于国家所有的水资源。水资源有偿使用观点的具体体现，则是逐步开征环境税和排污税。

3. 全面实行排放水污染物总量控制，推行许可证制度，实现水量与水质并重管理

水资源保护包含水质和水量两方面，二者相互联系和制约。水资源的质量降低，就必然影响到水资源可开发利用，而且对人民的身心健康和自然生态环境造成危害。

水体污染降低了水资源的可利用度，加剧了水环境资源供需矛盾。对此，应大力推广清洁生产，将水污染防治工作从未端处理逐步走向全过程管理，全面实行排放水污染物总量控制，推行许可证制度，完善和加强水环境监测监督管理工作，实现水量与水质并重管理。并根据经济和社会发展目标，进行多学科、多途径的水环境综合整治规划研究，探索出适合本地区当前技术经济条件的水环境资源保护措施的途径。

4. 大力发展资源化处理利用系统

（1）企业内部的资源化系统

如水循环系统；重金属、人工合成有机毒物的中间产物、副产物和流失物的再利用系统；等等。

（2）企业外部（之间）的资源化系统

如一个企业的中间产物、副产物、“废物”转为另一个企业的原材料或半成品系统；城市、工业、农业的有机废弃物制造沼气、肥料供居民、农村或工业使用。

（3）外环境的资源化系统

如土地处理系统、氧化塘系统、污水养鱼系统、生态农场系统等。

5. 加强水利工程建设，积极开发新水源

由于水资源具有时空分布不均衡的特点，因此，必须加强水利工程的建设。如修建水库、人工回灌等以解决水资源年际变化大、年内分配不均的情况，使水资源得以保存和均衡利用。跨流域调水则是调节水资源在地区分布上的不均衡性的一个重要途径。但水利工程往往会破坏一个地区原有的生态平衡，因此要做好生态影响的评价工作，以避免和减少不可挽回的损失。

此外，还应积极进行新水源的开发研究工作，如海水淡化、抑制水面蒸发、房顶集水和污水资源化利用等。

第二节　矿产资源的保护与管理

一、矿产资源的概念与特点

（一）矿产资源的概念

矿产资源指经过地质成矿作用，使埋藏于地下或出露于地表，并具有开发利用价值的矿物或有用元素的含量达到具有工业利用价值的集合体。矿产资源是重要的自然资源，是社会生产发展的重要物质基础，现代社会人们的生产和生活都离不开矿产资源。矿产资源属于不可更新资源，其储量是有限的。

（二）矿产资源的特点

1. 不可更新性

矿产资源属不可更新资源，是亿万年的地质作用形成的，在循环过程中不能恢复和更新，但有些可回收重新利用，如铜、铁、石棉、云母、矿物肥料等；而另一些属于物质转化的自然资源，如石油、煤、天然气等则完全不能重复利用。因此在开发利用矿产资源过程中，一定要注意矿产资源的不可更新性，节约使用。

2. 时空分布的不均匀性

矿产资源空间分布的不均衡是其自然属性的体现，是地球演化过程中自然地质作用的结果，它们都具有随机性和周期性，表现为在地区分布上很不均衡，因此在开发利用矿产资源时必须十分重视这一特点。

3. 功能的广泛性和不可替代性

矿产资源是人类社会赖以生存和发展的不可缺少的物质基础。据统计，当今世界95%以上的能源和80%以上的工业原料都取自矿产资源。所以很多国家都将矿产资源视为重要的国土资源，当作衡量国家综合国力的一个重要指标。

（三）世界矿产资源的分布及特点

石油资源各地区储量及其所占世界份额差别很大。人口不足世界3%、仅占全球陆地面积4.21%的中东地区石油储量为925亿吨，占世界储量的65%。

煤炭资源空间分布较为普遍，主要分布在三大地带：世界最大煤带是在亚欧大陆中部，从我国华北向西经新疆，横贯中亚和欧洲大陆，直到英国；北美大陆的美国和加拿大；南半球的澳大利亚和南非。

铁矿主要分布在俄罗斯、中国、巴西、澳大利亚、加拿大、印度等国。欧洲有库尔斯克铁矿（俄罗斯）、洛林铁矿（法国）、基律纳铁矿（瑞典）和英国奔宁山脉附近的铁矿；美国的铁矿主要分布在五大湖西部；印度的铁矿主要集中在德干高原的东北部。

其他矿产资源中，铝土矿主要分布在南美、非洲和亚太地区；铜矿分布较普遍，但主要集中在南美和北美的东环太平洋成矿带上；世界主要产金国有南非、俄罗斯、加拿大、美国、澳大利亚、中国、巴西、巴布亚新几内亚、印度尼西亚等国家。

（四）我国矿产资源的分布及特点

1. 矿产资源总量丰富、品种齐全，但人均占有量少

截至2020年底，我国已发现矿产173种，查明资源储量的有158种。其中，能源矿产10种、金属矿产54种、非金属矿产91种、水气矿产3种。煤、稀土、钨、锡、钼、锑、菱镁矿、钛、萤石、重晶石、石墨、膨润土、滑石、芒硝、石膏等20多种矿产，无论在数量上或质量上都具有明显的优势，有较强的国际竞争能力。但是中国人均矿产资源拥有量少，仅为世界人均的58%，列世界第53位。

2. 大多矿产资源质量差，贫矿多，富矿、易选矿少

与国外主要矿产资源国相比，中国矿产资源的质量很不理想。从总体上讲，中国大宗矿产，特别是短缺矿产的质量较差，在国际市场中竞争力较弱，制约其开发利用。

3. 一些重要矿产短缺或探明储量不足

中国的石油、天然气、锰矿、锭矿、铬铁矿、铜矿、铝土矿、钾盐等重要矿产短缺或探明储量不足，这些重要矿产的消费对国外资源的依赖程度比较大。

4. 成分复杂的共（伴）生矿多，大大增加了开发利用的技术难度

据统计，中国有80多种矿产是共（伴）生矿，以有色金属最为普遍。虽然共（伴）生矿的潜在价值较大，甚至超过主要组分的价值，但其开发利用的技术难度亦大，选冶复杂，成本高，因而竞争力低。

5. 矿产资源地理分布不均衡，产区与加工消费区错位

由于地质成矿条件不同，导致中国部分重要矿产分布特别集中。90%的煤炭查明资源储量集中于华北、西北和西南，这些地区的工业产值占全国工业总产值不到30%，而东

北、华东和中南地区的煤炭资源仅占全国10%左右，其工业产值却占全国的70%多；70%的磷矿查明资源储量集中于云、贵、川、鄂四省；铁矿主要集中在辽、冀、川、晋等省；其开发利用也受到一定程度的限制。北煤南调、西煤东运、西电东送和南磷北调的局面将长期存在。

6. 能源矿产结构性矛盾突出

煤炭消费所占比例过大，能源效率低，煤炭燃烧还带来严重的环境问题。

二、矿产资源开发利用中的环境问题

1. 植被破坏、水土流失、生态环境恶化

由于大量的采矿活动及开采后的复垦还田程度低，使很多矿区的生态环境遭到严重破坏。许多地方矿石私挖滥采，造成水土严重流失，特别典型的是南方离子型稀土矿床，漫山遍野地露天挖矿，使山体植被与含有植物养分的腐殖土层及红色黏土层被大量剥光，土地已失去了原有的生态平衡。有些冶炼企业产生的尾砂，在不经过任何处理地情况下大量排放。矿区要恢复到原来的生态环境，需要大量的资金投入。

2. 地质环境问题日益严重

矿山在开采过程中不同程度地引起地表下沉、塌陷、岩体开裂、山体滑坡等地质环境问题。凡煤矿采用壁式采矿法，金属、非金属矿采用崩落采矿法均会引起大面积的采空区地面塌陷，使房屋开裂，道路下沉，铁路、水利等工程设施遭到破坏，庄稼无法耕种，电力、通信线路故障时有发生；在建材矿山和金属矿山等露天采矿场，采场剥离地表造成边坡不稳，地压失去平衡，导致危岩崩落，山体滑坡；由于地下水开采和矿山疏干排水的影响，采空区地表发生岩溶塌陷，形成许多塌坑，甚至是塌陷群，严重的会形成长百余米、宽数十米的不连续的塌陷带；由矿山开采活动诱发的地质灾害，已日趋严重，极大地危及附近群众的生命财产安全。

3. 工业固体废弃物成灾

矿产资源的开发利用过程中所产生的废石主要有煤矸石、冶炼渣、粉煤灰、炉渣、选矿生产中产生的尾矿等。这些废石排放后残存堆积于矿区附近，侵占和破坏了大量土地资源。绝大多数小矿山没有排石场和尾矿库，废石和尾砂随意排放，不仅占用土地，还造成水土流失，堵塞河道和形成泥石流。

4. 水污染比较严重

一方面，矿山开采过程中对水源的破坏比较严重，由于矿山地下开采的疏干排水导致区域地下水位下降，出现大面积疏干漏斗，使地表水和地下水动态平衡遭到破坏，以致水

源枯竭或者河流断流。另一方面，矿山企业和选矿厂在生产过程中产生了大量的废水，选矿废水不经处理随意排放，污染了水质和土壤。有色金属选矿厂中的排放废水不但含有重金属离子，而且还有含硫、磷等的有机物，污染了区域内的水资源和土质。黄金矿山选矿，剧毒的氰化物以及溶于水中的金属离子大量排放，污染了矿区周围的河流、湖泊、地下水和农田，对环境危害极大。硫铁矿生产过程中排放的废石经雨水冲洗后变成酸性水，污染河流和农田。

5. 空气污染

一些地方小煤矿滥采乱挖，随意堆放，造成煤炭自燃，形成地下火龙，煤炭自燃过程中产生的大量有害气体，严重污染了空气。洗煤厂排放的煤尘、焦化厂及土焦厂的油烟、水泥厂的岩尘等，黑烟冲天，尘沙弥漫，空气呛人，对周围的人畜健康造成严重危害。

三、矿产资源环境管理的原则和方法

加强矿产资源环境管理是一个刻不容缓的工作，在管理过程中，必须坚持以下原则和方法：

（一）依法加强资源开发的管理

各级政府及有关资源管理部门应加强矿山开采过程中的生态环境恢复治理的管理。对矿产资源的勘查、开发实行统一规划，合理布局，综合勘查，合理开采和综合利用，严格勘查、开采审批登记，坚持“在保护中开发、在开发中保护”的原则，强化人们的矿区生态保护意识。整顿矿业秩序，坚决制止滥采乱挖、破坏资源和生态环境的行为，取缔无证开采，关闭开采规模小、资源利用率低、企业效益差的矿点，逐步使矿产资源开发活动纳入法治化轨道。

（二）加强矿产资源的综合利用

要加强矿产资源的综合利用或回收利用，积极发展矿产品深加工业，大力发展环保业，开发区域污染防治产品系列，努力提高矿产资源的综合利用效益，从根本上减少资源利用中的污染物排放。一些矿业企业开发研究出的“剥离—分类采矿—土地复垦—环境治理”一体化采矿生产工艺技术，即根据矿区地质特点，在传统剥离采矿的基础上，改进拨土采矿工艺，采取分步剥离、分类采矿和资源回收的方法进行选择性剥离开采，综合利用多种矿产品资源，可大大提高矿产资源的综合利用效益。

（三）实行生态环境经济补偿政策

坚持“谁开发，谁保护，谁利用，谁补偿”的原则，实行生态环境补偿政策，对生态环境造成直接影响的组织和个人，征收生态环境补偿费，使矿山开采企业和个人能有效地、自觉地合理开发利用矿产资源和保护生态环境，实现经济效益和生态效益相统一。

（四）加大对矿山科技进步的投资，提高矿产资源开发的科学技术水平

要逐步实行改革强制化技术改造和技术革新政策，努力提高矿山开采水平，更新改造设备和生产工艺，提高矿山企业采选三率指标，降低能耗，减少采矿过程的损失，是保护矿区生态环境，减轻破坏的重要措施。

（五）加强矿区生态环境恢复重建的管理

各矿区应设立资源开发、生态破坏活动重建工作的管理协调机构，把生态环境重建工作纳入国民经济发展计划，坚持“谁破坏，谁治理”的原则，加快生态环境破坏的恢复重建的速度，积极推进矿山生态环境恢复重建保证金制度，新建矿山要把环境治理和土地复垦项目纳入建设总投资预算，将生产工艺过程中的生态环境治理费纳入成本，不欠或少欠新账，实现矿产资源开发区与生态环境保护区相协调的良性循环发展。

（六）严格执行矿山地质环境评估、环境评价制度

新建矿山及矿区，应严格执行矿山地质环境影响评价和建设项目环境影响评价制度，先评价，后建设。对不符合规划要求的新建矿山一律不予审批，从根本上消除今后矿区对生态环境的影响。

第三节　森林资源的保护与管理

一、森林资源的概念与特点

（一）森林资源的概念

森林资源是森林和林业生产地域上的土地和生物的总称，包括林木、林下植物、野生动物、微生物、土壤和气候等自然资源。林业用地包括乔木林地、疏林地、灌木林地、林中空地、采伐迹地、火烧迹地、苗圃和国家规划的林地等。

森林是地球上最大的陆地生态系统，是维持地球生态系统的重要因素。它具有多种功能和效益，如涵养水源、保持水土、调节气候、保护农田，减免水、旱、风、沙等自然灾

害，净化空气、防治污染、庇护野生动植物等。

森林是可枯竭的再生性自然资源，只要合理利用就能自然更新，永续利用。但是森林资源的合理利用，必须在保护生态平衡的前提下，进行木材和其他林副产品以及野生动植物资源的繁育和利用。只有这样才能充分发挥森林资源的多种功能，才能做到越用越好，青山常在。

（二）森林资源的特点

森林资源是陆地上最重要的生物资源，它具有如下特点：

1. 空间分布广，生物生产力高

森林占地球陆地面积约 22%，森林的第一净生产力较陆地任何其他生态系统都高，比如热带雨林年产生物量就达 500 t/hm^2。从陆地生物总量来看，整个陆地生态系统中的总重量为 1.8×10^{12} t，其中森林生物总量即达 1.6×10^{12} t，占整个陆地生物总量的 90%左右。

2. 结构复杂，多样性高

森林内既包括有生命的物质，如动物、植物及微生物等，也包含无生命的物质，如光、水、热、土壤等，它们相互依存，共同作用，形成了不同层次的生物结构。

3. 再生能力强

森林资源不但具有种子更新能力，而且还可进行无性系繁殖，实施人工更新或天然更新。同时，森林具有很强的生物竞争力，在一定条件下能自行恢复在植被中的优势地位。

（三）我国森林资源的特点

1. 自然条件好，树种丰富

我国幅员辽阔，地形条件、气候条件多种多样，适合多种植物生长，故我国森林树种特别丰富。我国分布着高等植物 32 000 种，其中特有珍稀野生动物就达 10 000 余种，林间栖息着特有野生动物 100 余种，种类的丰富程度仅次于马来西亚和巴西。另外，我国是木本植物最为丰富的国家之一，共有 115 科、302 属、7000 多种；世界上 95%以上的木本植物属在我国都有代表种分布。还有，在我国的森林中，属于本土特有种的植物共有 3 科、196 属、1000 多种。因此，从物种总数和生物特有性的角度，我国被列为世界上 12 个“生物高度多样性”的国家之一。

2. 森林资源绝对数量大，相对数量小，分布不均

我国森林的空间分布不均，大多集中在东北和西南国有林区以及东南部亚热带和热带

地区。东北、西南林区主要是天然防护林、用材林的分布地，有林地和人工造林地则以南方集体林区为主。由于我国很多森林生态系统不够完备，森林资源易遭受旱、涝、风、沙、霜、雹等自然灾害的破坏。

3. 森林资源结构欠佳，采伐利用不便

我国现有的森林资源，在树种结构方面，针叶林比重过少，从而降低了林木的经济生产价值，给森林资源的持续发展增加了难度；在林种结构方面，用材林的面积、蓄积比重过大，防护林及经济林、特用林比重过少，从而影响森林资源的多种功能充分、持续地发挥；在我国的用材林的林龄结构中，幼林龄偏大，使得近期可供采伐利用的森林资源偏少。这样的结构再加上庞大的人口增长和迅速的经济发展的压力，我国的森林资源将长期面临短缺的局面，严重影响社会的持续发展。

4. 森林资源质量较差，利用率低

我国目前森林资源的林地生产力不高，在现有林中，人工造林保存率低，人工林生产率低，消耗量大于生长量；在对待天然林问题上，珍贵树种的面积以及生态系统的功能在迅速持续下降。

二、森林资源开发利用中的环境问题

1. 导致涵养水源能力下降，引发洪水灾害

印度和尼泊尔的森林破坏，很可能就是印度和孟加拉国近年来洪水泛滥成灾的主要原因。现在印度每年防治洪水的费用就高达 1.4 亿～7.5 亿美元。20 世纪 80 年代，孟加拉国曾遇到百年来最大的一次洪水，淹没了 2/3 的国土，死亡 1842 人，50 万人感染疾病；非洲多数国家遭到水灾，苏丹喀土穆地区有 200 万人受害；泰国南部又暴雨成灾，淹死数百人。这些突发的灾难，虽有其特定的气候因素和地理条件，但科学家们一致认为，最直接的因素是森林被大规模破坏所致。

2. 引发水土流失，导致土地沙化

由于森林的破坏，每年有大量的肥沃土壤流失，加速了土地沙漠化的进程。世界上平均每分钟就有约 10 hm^2 土地变成沙漠。哥伦比亚每年损失土壤 4×10^8 t，埃塞俄比亚每年损失土壤 10×10^8 t，印度每年损失土壤 60×10^8 t，我国每年表土流失量达 50×10^8 t。

3. 导致调节能力下降，引发气候异常

森林的破坏降低了自然界消耗二氧化碳的能力，也是加剧温室效应的一个重要原因。森林资源的破坏，还降低了森林生态系统调节水分、热量的能力，致使有些地区缺雨少水，有些地区连年干旱，严重影响人类的生产、生活。

4. **野生动植物的栖息地丧失，生物多样性锐减**

森林是许多野生动植物的栖息地，保护森林就保护了生物物种，也就保护了生物多样性。当前森林的破坏已使得动植物失去了栖息繁衍的场所，使很多野生动植物数量大大减少，甚至濒临灭绝。

三、森林资源环境管理的原则和方法

（一）森林资源保护利用的原则

1. 生态功能与经济功能相结合的原则：森林既有生态功能，又有经济功能，它在向社会提供以林木为主的物质产品的同时也向社会提供良好的环境服务，这两个功能应是统一的。但由于一个实物不能同时发挥两种功能，因此在实际生活中二者又常常是矛盾的。针对这一特殊情况，森林资源保护和利用的原则必须是将上述两个功能结合起来。

2. 行政手段与市场运作手段相结合的原则：一方面，森林是自然环境系统的要素和生态屏障，保护森林资源的生态功能是全民的利益，因此政府有责任用行政手段来限制对森林资源的破坏性利用。另一方面，森林又是社会经济系统的重要生产要素，是人群生产、生活必不可少的原材料，它必须按市场经济规律运作才能获得应有的经济效益。因此，森林资源保护、利用的原则必须是行政手段与市场运作手段的结合。

3. 坚持“以林为主，多种经营，采育平衡，综合利用”，尊重自然规律和经济规律的原则。

（二）森林资源的管理办法

1. **实行森林资源有偿采伐，建立林业投入补偿机制**

森林的生态功能与经济功能都是有价值的，而且都在人类社会的经济生活中体现了自身价值。然而在人类的社会生活中森林长期得不到回报，森林资源的再生产的经费变成国家财政中的公益性支出。例如，我国在生态林建设中投入了大量的资金，建立了三北防护林、长江中上游防护林以及大量的江河水源涵养林、农田防护林、城镇风景林等。但由于财政收入的紧缺，国家的投入远远不能保证森林再生产的需要，致使经营生态林的国营和集体林业单位不仅得不到应有的经济补偿，每年还要承担大量的建设和管理费用，致使这些林业单位逐步陷入了严重的经济危困之中。

建立林业投入补偿机制是客观的要求。因为森林生态效益既然是一种商品，商品有价，就必须遵循等价交换的原则。为便于操作，目前可从以下三方面先入手：

①依靠森林生态和经济功能从事生产经营活动有收入的项目，如已征收水费的大中型水库、水力发电站、水产养殖单位等，可以采用现行水费、电费、营业费中附加的办法，或者在这些单位的年收入中划出一定比例返还给林业部门，作为对林业建设投入的补偿。

②大型农田防护林、江河湖海防护林体系的森林生态效益的消费者，也应向国家缴纳补偿费。由于这类受益者很多，且在地域上分布很广，经济补偿要落实到具体单位和个人，工作量很大，为此，可在财政预算中专列生态林补偿费项目。

③有些开发建设活动，如开矿、采煤、采油、大型基建工程等，除应规定缴纳征占用林地的有关费用外，还应对生态效益的损失进行补偿。补偿的方法可采用在吨煤（油）的价格中附加，或者由基建单位纳入工程预算，给予一次性补偿。

2. *利用森林景观优势，发展森林旅游*

随着社会经济的迅速发展，世界人口，特别是城市人口的急剧增加，越来越多的人向往大自然，希望到大森林、大自然中，去调节精神、消除疲劳、探奇览胜、丰富生活，达到增进身心健康、愉悦精神的目的。因此森林旅游已成为世界各国旅游业发展的一个热点，这也给森林资源的利用与保护提供了一个良好的契机。

森林旅游在促进当地经济发展的同时，也为森林资源的保护与利用筹集了资金，为森林利用补偿机制的建立提供了保证，为森林资源管理开辟了新的途径。它可以把森林资源的利用与保护有机地结合起来，寓管理于利用之中，既发挥了森林的生态、景观作用，又利用旅游收益来加强管理，增加投入，更好地保护和更新森林资源。因此，发展森林旅游是森林资源管理中的一种有效的经济手段。

3. *改革林业经营与管理的机制*

森林资源的利用和保护是密不可分的，森林资源的破坏往往是由于利用不当造成的。因此，为了保护森林资源，必须改革林业的经营管理机制。

通过租赁、兑换等形式有偿流转林地，使森林资源经营权重组，可能是一个值得探索的新做法。另外，在山区实行山林经营股份合作制，把山林所有权与经营权分离，引导林农走集约化经营的道路，形成利益风险共同体。这样，不但可以开辟多种融资渠道，减少保护森林对国家财政的压力，而且可以融利用和保护为一体。其具体实现方式可根据山脉水系，以现有大片林区和林业重点县为基础，以散生的国有林场和乡村林场为依托，实行国家与集体、集体与集体、集体与个人的横向联合。集体投山、农户投劳、部门投资、国家补助、林业科研单位出技术，形成宏大的社会系统工程。与此同时，还可以进一步改革行政管理体制，通过创办山地开发型实体，有效地转变机关工作职能。

第四节　生物多样性的保护与管理

一、生物多样性的概念及其作用

（一）生物多样性的概念

“生物多样性”（Biological Diversity Or Biodiversity）一词出现在20世纪80年代初。一般认为，生物多样性是地球上所有生物包括植物、动物和微生物及其所构成的综合体。

大家公认的生物多样性的三个主要层次是遗传多样性、物种多样性和生态系统多样性，其中遗传多样性也称基因多样性。基因多样性又包括分子、细胞和个体三个水平上的遗传变异度，是生命进化和物种分化的基础。物种多样性是指在一定区域内某一面积上物种的数目及其变异，常用物种丰度（Species Richness）表示。

生态系统多样性既存在于生态系统内部，也存在于生态系统之间。在前一种情况下，一个生态系统由不同物种组成，它们的结构特点多种多样，执行功能不同，因而在生态过程中的作用也很不一致。在后一种情况下，在各地区不同地理背景中形成多样的生境中分布着不同的生态系统。保持生态系统的多样性，维持各生态系统的生态过程对于所有生物的生存、进化和发展，对于维持遗传多样性和物种多样性都是必不可少、至关重要的。

生物多样性还有许多其他的表达方式。如物种的相对多度，种群的年龄结构，一个区域的群落或生态系统的格局随时间的改变等，但上述三个层次是最主要的。

（二）生物多样性的作用

1. 直接使用价值

即被人类作为资源直接使用的价值，它又可分为两类。第一类是实物价值，即生物为人类生产活动提供了燃料、木材等原材料，为人类生存繁衍提供了食物、衣服、医药等生活用品。单就药物来说，发展中国家80%的人口依赖植物或动物提供的传统药物，西方医药中使用的药物有40%含有最初在野生植物中发现的物质。第二类是非实物价值，主要包括生物多样性在旅游观赏、科学文化、畜力使用等方面提供的服务价值。

2. 间接使用价值

指能支持和保护社会经济活动及人类生命财产的环境调节功能，有人将其叫作生态功能。自然生态系统在有机质生产、二氧化碳固定、氧气释放、营养物质的固定与循环、重要污染物的降解等方面为人类社会的生存发展发挥着极为重要和不可替代的作用。从局部来看，当前生物多样性的调节功能表现为涵养水源、巩固堤岸、防止侵蚀、降低洪峰、调节气候等，这类价值目前还很难像直接价值那样可以进行比较精确的定量计算。

3. 选择价值（或潜在价值）

即为后代提供选择机会的价值。对于许多植物、动物和微生物物种，目前它们的使用价值还不清楚，有待进一步发现、研究和利用。如果这些物种遭到破坏，后代就再没有机会加以选择利用。

二、生物多样性的变化情况

（一）中国生物多样性概况

我国国土辽阔，海域宽广，自然条件复杂多样，加之有较古老的地质历史，孕育了极其丰富的植物、动物和微生物物种及其丰富多彩的生态组合，是全球12个“巨大多样性国家”之一。我国是地球上种子植物区系起源中心之一，承袭了北方第三纪、古地中海及古南大陆的区系成分；动物则汇合了古北界和东洋界的大部分种类。我国现有种子植物237科、2988属、25 734种，其中裸子植物11科、42属、243种，居世界首位；脊椎动物6266种，其中兽类约500种，鸟类1258种，爬行类412种，两栖类295种，鱼类3862种，约占世界脊椎动物种类的10%，不仅如此，特有类型众多，更是中国生物区系的特点。现已知脊椎动物有667个特有种，为中国脊椎动物总数的10.5%；种子植物有5个特有科247个特有属、17 300种以上的特有种。另外，中国还拥有众多的“活化石”之称的珍稀动、植物，如大熊猫、白鳍豚、文昌鱼、鹦鹉螺，水杉、银杏和攀枝花苏铁，等等。

中国有7000年以上的农业开垦历史，我国农民开发利用和培植繁育了大量栽培植物和家养动物，其丰富程度在全世界也是独一无二的。我国共有家养动物品种和类群1900多个，境内已知的经济树种1000种以上，水稻的地方品种达50 000个，大豆达20 000个，药用植物11 000多种，牧草4200多种，原产中国的重要观赏花卉200多种，等等。

在生态系统多样性方面，中国陆地生态系统有森林212类，竹林36类，灌丛113类，草甸77类，沼泽37类，草原55类，荒漠52类，高山冻原、垫状和流石滩植被17类。淡水和海洋生态系统类型暂时尚无统计资料。

由上所述可见，我国的生物多样性丰富而又独特，其特点可以概括为六方面：

1. 物种高度丰富；

2. 特有物种属、种繁多；

3. 区系起源古老；

4. 栽培和家养动物及野生亲缘种质资源异常丰富；

5. 生态系统丰富多彩；

6. 空间格局繁杂多样。

因此，从世界的角度看，我国的生物多样性在全世界占有重要而又十分独特的地位。

（二）生物多样性的变化

在地球发展历史中，生物种类数也会出于多种多样的自然原因而不断减少，但是这种减少的速度是缓慢的。自从人类出现以后，特别是近几个世纪以来，人类活动大大加快了地球上物种灭绝的速度。有科学家认为，现在的生物物种至少以1000倍于自然灭绝的速度在地球上消失。

我国生物多样性的损失也十分严重。到目前为止，大约已有200种植物灭绝，估计还有5000种植物处于濒危状态，占中国高等植物总数的20%；大约有398种脊椎动物处于濒危状态，占中国脊椎动物总数的7.7%左右。中国动物和植物已经有15%～20%受到威胁，高于世界10%～15%的水平；在《濒危野生动植物国际贸易公约》附录中所列的640个物种中，中国占156个。

另外，随着对生物多样性研究的不断深入，科学家在热带森林的物种研究中发现，在林冠层中生活着数量巨大的物种（主要是昆虫）。其中已经被科学家记载的只是很小的一部分。这些发现使人们将估算的地球上的物种总数向上增长到1×10^8种，而其中被分类学家记载的还不到150×10^4种。

三、生物多样性的保护与管理策略

（一）加强生物多样性保护的立法和执法

关于生物多样性保护的执法，我国现有的执法主体主要有以下四类：

1. 国务院和地方各级人民政府，它们掌握综合性和全局性情况，主要承担依法行政的任务。

2. 国务院环境保护行政管理部门和县级以上人民政府的环境保护行政主管部门，它们依法实施对生物多样性保护的任务，并负有监督管理的职责。

3. 县级以上人民政府的土地、矿产、林业、农业、水政、渔政港务监督、海洋主管部门，它们分别负责对各种自然资源的监督管理。

4. 各级公安机关、法院、检察院、军队以及交通管理部门，均依法实施监督。

我国在生物多样性法治建设中奉行“立法与执法并重”的方针。执法工作取得了一定的成绩，但从历年来的执法检查情况来看，违法捕捉、经营、贩运、倒卖、走私野生动物等破坏生物多样性的情况仍十分严重，一些地方随意侵占、蚕食自然保护区，在保护区内进行偷猎、滥采的事件还时有发生；因自然资源破坏、浪费而造成的野生物种濒危、灭绝的情况也较多，执法工作形势非常严峻。目前，亟须加强和改进执法工作。

（二）制定有利于保护生物多样性的政策

环境保护和维持生态系统的良性循环是我国的一项基本国策。我国在国家层次上关于保护生物多样性的主要政策可归纳为以下内容：

1. 坚持经济建设、城乡建设、环境建设同步规划、同步实施、同步发展的战略方针，遵循经济效益、社会效益、环境效益相统一的原则。

2. 在国土开发中，坚持开发、利用、整治、保护并重的方针，建立了一系列以保护自然环境为目标的自然资源持续利用战略并推行有利于保护和持续利用生物资源的经济和技术政策。

3. 坚持强化管理、预防为主和“开发者负责、损害者负担”的三大政策体系。

4. 建立并加强了各级政府的自然保护机构，初步形成了国家、地方多级管理的体系。

5. 自然保护建立在法制的基础上，适时颁布了各种自然保护的法律、法规、条例、标准。

6. 开展了自然保护的科学研究，建立生物资源监测网络和信息网络，定期发布环境状况公报。

7. 重视自然保护的宣传教育，积极开展有关的国际合作。

在部门层次上，有利于生物多样性保护的政策主要有四个：

1. 自然资源的有偿使用政策，如林业部政策规定，凡是征用、占用林地的，用地单位应按规定支付林地、林木补偿费，森林植被恢复费和安置费；凡临时使用林地的，要按国家规定支付林地损失补偿费，用于造林营木，恢复森林植被。

2. 生物资源持续利用政策，如国家中药管理部门推行建立扶持资金和收购奖售及调控收购价格等措施，引导中药材的引种、野生动物养殖、植物药材驯化栽培工作，以保护野生药材资源。林业部门对野生动物驯养繁殖实行扶持政策，使一些动物的人工养殖业迅速发展起来，基本满足了市场对一些珍贵药材和毛皮的需求，从而避免了对野生动物的过度捕猎。

3. 财税补助政策，国家税务总局对治沙和合理开发沙漠资源给予八方面的税收优惠政策；给予东北、内蒙古综合利用木材剩余物的产品免征产品税和增值税。

4. 强化管理，通过建立各种制度，建立管理机构，组建监督管理队伍，运用法律、行政、经济手段，对各种可能损害生物多样性的行为进行严格的监督管理。如环境保护部门推行的“环境保护目标责任制”、林业部门推行的“森林资源任期目标责任制”以及水利部门推行的“水土保持目标责任制”等。

在地方层次上，主要政策有四个：

1. 林业股份政策，其具体做法是，在山林产权不变的情况下，通过折股，将山林由物质形态转变为价值形态（股票），并将股票以“森林股份证”的形式按投入分到各户。同时在股份制基础上建立林场管理经营。

2. 生态环境补偿费政策，开展对矿藏开发，土地开发，旅游开发，水、森林、草原等资源开发，药用植物资源开发利用，电力资源开发，海域使用等经济活动征收生态环境补偿费。征收的资金主要作为自然保护工作的专项资金，用于生态环境的恢复与重建。

3. 乡村生态环境保护目标考核制度，重点考核乡村生态环境，指标包括土地保护、森林保护、自然保护区建设与管理、物种保持、农村能源建设、地质环境保护、农业环境保护、水资源保护、水土保持等项。

4. 行业倾斜政策，一些地方为保护森林资源，促进植树造林，在安排资金和税收等方面对林业倾斜。各级财政和林业主管部门在安排地方支农资金、林业资金、物资及基地造林、荒山造林、封山育林、世界银行贷款造林、多种经营等项目时，适当地向林场倾斜，使其在较短的时间内完成荒山绿化任务。

（三）加强生物多样性的科学研究和公众教育

为了更有效地保护生物多样性，必须加强有关的科学研究工作。主要有：

1. 生物多样性的编目；

2. 生物多样性保护技术和理论；

3. 生物多样性的监测和信息系统的建立；

4. 生物技术、生物多样性宏观管理研究。

另外，还需要加强生物多样性的宣传教育工作，主要有：

1. 在新闻报道中加大比重；

2. 在影视制品中加大自然保护栏目的比重；

3. 利用与生物多样性有关的节日如“4・22 地球日”“6・5 世界环境日”“爱鸟周”等开展宣传教育活动，在博物馆、动物园、植物园等地举办各种展览来提高公众的生物多样性的意识、责任和参与积极性；

4. 重视对青少年的生物多样性保护意识的教育等。

参考文献

[1] 李理，梁红．环境监测［M］．武汉：武汉理工大学出版社，2018.

[2] 曲磊．环境监测［M］．北京：中央民族大学出版社，2018.

[3] 陈井影，李文娟．环境监测实验［M］．北京：冶金工业出版社，2018.

[4] 王坤．环境监测技术［M］．重庆：西南师范大学出版社，2018.

[5] 张存兰，商书波，王芳，等．环境监测实验［M］．成都：西南交通大学出版社，2018.

[6] 隋鲁智，吴庆东，郝文．环境监测技术与实践应用研究［M］．北京：北京工业大学出版社，2018.

[7] 赵骞．海洋生态环境监测技术方法培训教材动力分册［M］．北京：海洋出版社，2018.

[8] 赵建华，孟庆辉．海洋生态环境监测技术方法培训教材遥感分册［M］．北京：海洋出版社，2018.

[9] 樊景凤．海洋生态环境监测技术方法培训教材生物分册［M］．北京：海洋出版社，2018.

[10] 黄业茹，董亮．新增列持久性有机污染物环境监测技术研究［M］．北京：中国环境出版社，2018.

[11] 王菊英，姚子伟．海洋生态环境监测技术方法培训教材化学分册［M］．北京：海洋出版社，2018.

[12] 姚子伟．海洋生态环境监测技术方法培训教材海洋环境监测评价质量保证与质量控制分册［M］．北京：海洋出版社，2018.

[13] 卢远．区域生态环境遥感监测与评估实践研究［M］．长春：东北师范大学出版社，2018.

[14] 李国平．固体废物环境管理指导手册［M］．南京：河海大学出版社，2020.

[15] 康德奎，王磊．内陆河流域水资源与水环境管理研究：以石羊河流域为例［M］．郑州：黄河水利出版社，2020.

[16] 张永昌，谢虹．基于生态环境的水利工程施工与创新管理［M］．郑州：黄河水利出版社，2020.

[17] 王远．环境经济与管理［M］．北京：中国环境出版集团，2020.

[18] 韩佳彤．城市轨道交通建设工程环境风险管理指南［M］．北京：北京理工大学出版社，2020.

[19] 刘志强，季耀波，孟健婷．水利水电建设项目环境保护与水土保持管理［M］．昆明：云南大学出版社，2020.

[20] 宋博宇，张海萍．中国生活垃圾焚烧环境管理创新与探索［M］．昆明：云南科技出版社，2021.

[21] 王娜，郭欣妍．排污许可制度在农药行业环境管理中的应用［M］．北京：中国环境出版集团有限公司，2021.

[22] 张恩娟．电子商务环境下的物流管理与应用研究［M］．北京：中国社会出版社，2021.

[23] 徐娟，彭千芸．环境监管政企关系及其环境成本［M］．武汉：武汉大学出版社，2021.